# Précaution et compétitivité : deux exigences compatibles ?

Alain Grangé-Cabane et Brice Laurent, *Précaution et compétitivité : deux exigences compatibles ?*, Paris, Presses des Mines, 2014.

ISBN : 978-2-35671-139-7


60, boulevard Saint-Michel - 75272 Paris Cedex 06 - France
presses@mines-paristech.fr
www.pressesdesmines.com


81, boulevard Saint-Michel -75005 Paris - France
info@la-fabrique.fr
www.la-fabrique.fr

Couverture : Fernand Léger, *La fleur qui marche* (vers 1952-53)
Céramiste : Roland Brice
Crédit photographique : © RMN-Grand Palais (musée Fernand Léger) / Gérard Blot
© ADAGP, Paris 2014

Direction artistique : Franck Blanchet
Mise en pages : Sandra Rodrigues

Dépôt légal 2014
Achevé d'imprimer en 2014 (Paris)

# Précaution et compétitivité : deux exigences compatibles ?

par Alain Grangé-Cabane et Brice Laurent

# CHAPITRE 4

# Préface

Les exigences toujours plus grandes du public en matière de sécurité conduisent à un foisonnement réglementaire qui complique fortement l'action des entreprises, et peut constituer un handicap quand leurs concurrents étrangers ne subissent pas les mêmes contraintes.

Le principe de précaution, souvent invoqué pour justifier cette accumulation de règles, semble alors s'opposer à la compétitivité des entreprises et les dissuader d'innover. Certains proposent alors d'équilibrer le principe de précaution par un principe d'innovation. On entend aussi que l'excès de précaution serait propre à la France ou à l'Europe.

Cette note est issue des discussions et des auditions d'un groupe de travail rassemblant des experts dont les origines, les sensibilités et les expériences sont très complémentaires. Elle montre une réalité plus nuancée.

Divers traités internationaux ou décisions européennes ont imposé aux pouvoirs publics, face à des risques de dommages graves et irréversibles pour l'environnement ou la santé publique, d'engager des actions pour mieux évaluer ces risques et de prendre des mesures provisoires et proportionnées, sans attendre d'avoir des certitudes sur le danger. La France a transposé ces décisions. L'insertion du principe de précaution dans sa Constitution n'a en elle-même suscité ni nouvelle loi, ni évolution de la jurisprudence.

En revanche, les lois et les règlements destinés à mettre en œuvre la démarche de précaution et les modalités de leur application traduisent parfois un affolement des pouvoirs publics, soucieux d'éviter toute mise en cause plutôt qu'une volonté de prendre les précautions requises sans peser plus que nécessaire sur les acteurs économiques.

Le problème n'est donc pas celui du principe de précaution lui-même, mais tient plutôt aux difficultés des pouvoirs publics à faire face aux situations d'incertitudes dans lesquelles des parties prenantes expriment des craintes qu'elles veulent voir prises en considération ou sont parfois manipulées par des activistes hostiles à certaines technologies.

La présente note préconise donc de construire les instruments permettant de mieux organiser les consultations, l'expertise, la décision publique et son application en situation d'incertitude Elle montre aussi comment certaines entreprises savent prendre en compte les questionnements des parties prenantes dans leur stratégie et ainsi susciter la confiance nécessaire à l'action. La précaution peut stimuler l'innovation et parfois même offrir un avantage compétitif.

Quand à inscrire un principe d'innovation de valeur juridique égale à celle du principe de précaution, on voit mal quel en serait le contenu précis. Certes, il ne peut être que salutaire de rappeler au législateur en quoi l'innovation est nécessaire au progrès de la société, par exemple dans l'exposé des motifs d'une loi qui créerait des dispositions favorables à l'innovation ou abolirait des contraintes gênant inutilement celle-ci. Le rapport coordonné par Jean-Luc Beylat et Pierre Tambourin comporte sur ce sujet de nombreuses propositions intéressantes.

Rappelons cependant que le droit d'innover, comme la liberté d'entreprendre, sont garantis par la Constitution à travers l'article 4 de la Déclaration des droits de l'homme et du citoyen, qui stipule que la liberté consiste à pouvoir faire tout ce qui ne nuit pas à autrui.

Les auteurs de la Déclaration sur laquelle est fondée la République ont donc d'abord affirmé la liberté d'agir, d'entreprendre et d'innover. Le principe de précaution ne vient modérer cette liberté que s'il existe une forte présomption que son exercice peut provoquer des atteintes graves et irréversibles à la santé d'autrui ou au patrimoine commun. Est-ce déraisonnable ?

Alain Grangé-Cabane,
Président de la Fédération des entreprises de la beauté (FEBEA)
Vice-président du Groupe des fédérations industrielles (GFI)

# Résumé exécutif

Le principe de précaution est parfois décrié comme constituant un obstacle au développement des innovations voire de l'activité industrielle. Davantage que l'usage juridique de ce principe, c'est son invocation abusive par des groupes qui contestent certaines technologies, nouvelles ou non, ou son application maladroite qui peuvent être source de perturbations pour les entreprises.

La Fabrique de l'industrie a réuni en 2013, sur ce sujet, un groupe de travail composé notamment d'industriels, de scientifiques, d'experts du développement durable. Il est apparu, au fil des auditions de nombreuses personnalités, que le problème venait moins du principe de précaution lui-même que d'une exigence de sécurité de plus en plus affirmée des consommateurs ou des citoyens ainsi que d'une perte de confiance envers les institutions chargées d'assurer leur protection. Certaines entreprises ont su bien prendre en compte cette préoccupation et y répondre, afin de restaurer un dialogue plus confiant avec leurs clients ou riverains. Elles ont même su transformer cette capacité en avantage compétitif.

## Un principe méconnu, souvent invoqué abusivement

Le principe de précaution s'inscrit dans une tradition de prudence bien ancrée dans certaines industries comme le transport aérien, la pharmacie ou la chimie. En tant que principe de droit, il oblige les pouvoirs publics, lorsque des incertitudes empêchent d'apprécier les bénéfices et les risques d'une décision, à prendre des mesures provisoires et proportionnées aux risques suspectés et à agir pour mieux évaluer ceux-ci. Le régulateur doit ainsi éviter que l'environnement soit mis en danger par des acteurs contre qui il serait difficile de se retourner en cas de dommage.

L'introduction du principe de précaution dans la Constitution a été un acte symbolique, destiné à manifester la sensibilité du chef de l'État d'alors aux préoccupations environnementales. En pratique, aucune loi à ce jour n'a été déclarée inconstitutionnelle sur la base du principe de précaution et son invocation par la jurisprudence reste prudente et limitée. En revanche, le principe de précaution est très souvent évoqué, mais souvent à mauvais escient, soit par des groupes militants souhaitant s'opposer à l'usage d'une technologie ou d'un produit, soit par des décideurs politiques et administratifs désireux de se protéger contre toute mise en cause. Ce n'est pas le principe de précaution au sens juridique du terme, mais l'inquiétude exprimée par des citoyens ou des consommateurs devant certaines technologies et l'écho médiatique de cette inquiétude dans le grand public qui poussent les politiques ou l'Administration à produire des règles qui sont pour les industriels une source de contraintes et de coûts.

## Une France plus frileuse que ses partenaires ?

Ces contraintes sont souvent jugées plus lourdes en France qu'ailleurs. Cependant, une analyse fine montre que la situation est variable selon les sujets. On peut certes opposer une Europe frileuse à une Amérique aventureuse dans le domaine des OGM[1] ou des armes à feu, mais à l'inverse la France apparaît plus libérale sur le tabac, le nucléaire ou les particules diesel. Les Allemands, quoique réputés très soucieux de la compétitivité de leur industrie, ont tout de même décidé de sortir du nucléaire et d'opter pour des sources d'énergies jugées plus rassurantes.

En France, des enquêtes révèlent un certain morcellement de la société en groupes aux attitudes très différentes vis-à-vis des nouveautés technologiques et de la foi dans le progrès. Ces enquêtes montrent aussi que ces groupes tendent à s'éloigner les uns des autres au fil du temps.

L'expression souvent virulente de certains publics inquiets vient surtout du manque de confiance dans les institutions chargées d'assurer la sécurité des personnes et de l'environnement. Cette défiance, résultat de l'accumulation de crises mal gérées, révèle la difficulté des pouvoirs publics à organiser les concertations souhaitables et à prendre les mesures judicieuses lorsqu'apparaît une situation d'incertitude.

## La gestion de l'incertitude

La gestion des risques majeurs, à plus forte raison en situation d'incertitude scientifique, pose de lourds problèmes aux pouvoirs publics.

---

1 - Vous retrouverez en annexe une étude de cas sur la gestion publique des OGM en France.

- Comment évaluer ce qui constitue une «action mesurée» adaptée à la situation, quand on en ignore les bénéfices et les risques ou que les publics concernés par les bénéfices et ceux qui subissent les risques ne sont pas les mêmes?

- Comment faire passer des messages rigoureux sur le plan scientifique, utilisables par les pouvoirs publics et compréhensibles par les non spécialistes?

- Comment entendre les préoccupations des non-experts et les faire participer au débat?

- Comment donner aux entrepreneurs une visibilité suffisante pour qu'ils puissent investir, tout en conservant une capacité de réaction aux nouvelles informations?

- Comment garantir au consommateur européen un bon niveau de protection, dans le cadre des règles du commerce international, sans défavoriser les producteurs européens?

Pour répondre à ces questions complexes, il faut mettre en place des procédures, des structures et des instruments adaptés. Il s'agit de revoir le fonctionnement des pouvoirs publics dans les sociétés contemporaines, où les situations où règne l'incertitude prennent une place croissante et où des publics non-experts expriment une volonté grandissante de participer à la prise de décision. Cela implique notamment d'organiser au mieux l'expertise sur les connaissances disponibles et d'améliorer le débat sur ce qui constitue une «action mesurée», en permettant une participation de non-experts. Il faut ensuite pouvoir organiser une action cohérente, suivie, efficace et réactive, capable de prendre en compte de nouvelles informations sur les risques.

La difficulté qu'ont aujourd'hui les pouvoirs publics à s'adapter à ce nouveau contexte peut les conduire à des décisions contestables ou incohérentes, voire à une absence de décision. Supposons que la menace d'une épidémie motive une campagne de vaccination puis que la menace se dissipe du fait de l'évolution de la maladie. Va-t-on annuler la campagne dont l'utilité est devenue douteuse? Va-t-on rétrospectivement reprocher aux autorités qui ont choisi d'acheter des vaccins lorsque cette décision semblait la plus opportune d'avoir engagé une dépense inutile? Des commentateurs mal intentionnés joueront-ils sur une appréciation rétroactive du risque qui surestimera la probabilité du scénario qui s'est effectivement produit? Les décideurs sont taxés tantôt de négligence coupable, tantôt de frilosité excessive, ceci aussi longtemps que le public ne fera pas confiance aux institutions chargées de le protéger.

Ce défaut de consensus autour de la gestion des risques incertains est entretenu, d'un côté, par les « marchands de doute » qui jouent sur l'absence de certitude pour réfuter la possibilité d'un danger et s'opposer à des actions objectivement raisonnables et, d'un autre côté, par des activistes qui contestent les dispositifs de dialogue voire sabotent les débats – comme cela s'est produit dans le cas des nanotechnologies ou de l'enfouissement des déchets radioactifs[2]. Les médias participent parfois à la confusion et à la défiance, en mettant sur le même plan deux opinions opposées sans indiquer la nature ou le poids, parfois très différents, de leurs arguments. Ils n'échappent pas toujours à une attirance pour le sensationnel, ce qui peut les conduire à privilégier les messages les plus alarmistes.

En résumé, les pouvoirs publics sont confrontés aux demandes pressantes de publics inquiets mais sont mal équipés pour adopter des mesures pertinentes et acceptées. Ils produisent une accumulation parfois désordonnée de règles contraignantes pour les individus ou pour l'activité économique, sans que leur application produise toujours la sécurité attendue.

## Comment certains industriels font face à l'exigence de précaution

L'exigence de précaution émanant du public et les difficultés éprouvées par les autorités pour mettre en place des dispositifs permettant d'y répondre créent un contexte que les industriels doivent prendre en compte.

Ces derniers, pour la plupart, ont depuis longtemps développé un savoir-faire en matière de gestion des risques de leurs procédés ou de leurs produits. En outre, et puisqu'une partie du public reste inquiète malgré le foisonnement de réglementations protectrices, certains industriels ont développé divers dispositifs de dialogue qui leur permettent de mieux prendre en compte les préoccupations de leurs interlocuteurs, de montrer leur maîtrise des risques et de restaurer la confiance des parties prenantes.

L'exigence de la société de voir réduire les risques liés à la production et à la consommation peut aussi être une source d'innovation et conférer un avantage compétitif aux entreprises qui y répondent mieux que leurs concurrentes. Une réglementation exigeante peut même parfois évincer des concurrents moins crédibles.

---

2 - Vous retrouverez en annexe deux études de cas détaillées sur la gestion publique des nanotechnologies et des déchets nucléaires en France.

En résumé, la demande de sécurité de la société se renforce, indépendamment de son éventuelle traduction juridique. Les industriels peuvent y répondre et en tirer avantage. Les pouvoirs publics doivent montrer leur capacité à faire face à des risques incertains et rétablir un bon niveau de confiance, tout en veillant à ce que la réglementation qu'ils produisent et font appliquer reste efficace et n'entrave pas inutilement l'activité économique ou l'innovation.

# INTRODUCTION

Le groupe de travail «*Risques et précaution*» de La Fabrique de l'industrie s'est donné comme objectif d'analyser la nature de l'exigence de précaution constatée aujourd'hui par les industriels. En cherchant à évaluer la spécificité française en la matière, les effets constatés et potentiels sur l'innovation, et les moyens d'agir pour éviter que l'exigence de précaution n'entrave l'innovation, le groupe a constaté une variété considérable d'acceptions du terme «précaution». La presse, les juges, les élus, les industriels… utilisent le même terme pour désigner des objets et des problèmes différents.

Pour éviter les confusions, le groupe a d'abord jugé nécessaire d'examiner la nature juridique du principe de précaution et ses usages réels dans le contexte français. C'est l'objet du premier chapitre de ce rapport, qui met en perspective la position française et montre l'effet plus symbolique que pratique de l'inscription du principe de précaution dans la Constitution.

Par l'audition de plusieurs personnalités du monde de l'entreprise, de l'Administration et de la recherche, le groupe a constaté que la traduction juridique du principe de précaution ne constituait qu'un aspect d'une exigence plus générale de sécurité, qui transforme en profondeur les sociétés contemporaines. Pour en rendre compte, le groupe a choisi de parler d'un «régime de précaution», qui décrit un ensemble d'évolutions récentes, notamment l'importance prise par les problèmes caractérisés par l'incertitude ou l'exigence forte de participation émanant de publics non experts. Or, la gestion par les pouvoirs publics français de ces problèmes nouveaux relevant du régime de précaution semble inadaptée. Le public n'est pas convaincu que les décisions prises répondent à ses attentes en matière de sécurité et s'inquiète donc de certaines conséquences du développement technique. Les industriels, eux, ne sont pas satisfaits de la tendance à surréglementer pour répondre à ces inquiétudes. Les incohérences du régulateur, tantôt dangereusement laxiste, tantôt bloquant l'activité économique ou les innovations, créent une situation assez peu prévisible pour tous les acteurs.

Comment envisager alors les défis auxquels doit faire face l'industrie dans ce nouveau contexte ? L'industrie a depuis longtemps développé une culture de gestion du risque adaptée au régime de précaution. Dans divers secteurs (chimie, transport aérien ou nucléaire notamment), la bonne gestion de risques incertains et la qualité du dialogue avec les parties prenantes sont devenues des facteurs de la compétitivité des entreprises. Mais l'industrie reste perturbée aujourd'hui, à la fois par l'expression des appréhensions des consommateurs et par la faible prévisibilité des décisions des pouvoirs publics. Elle est confrontée à la fois à l'incertitude réglementaire et à la survenue régulière de conflits avec des organisations de la société civile. En conséquence, alors que le principe de précaution n'est pas opposé dans sa logique à l'innovation, il est assimilé à ce contexte de méfiance qui gêne le développement industriel.

Le groupe estime que cette situation mérite d'être grandement prise au sérieux ; en situation d'incertitude, le comportement des décideurs publics doit susciter la confiance des consommateurs et citoyens inquiets pour leur sécurité, sans peser plus qu'il n'est nécessaire sur la compétitivité des entreprises. Sans prétendre fournir une liste exhaustive de recommandations, le groupe a identifié quelques actions souhaitables

# CHAPITRE 1

## Le principe de précaution : un épouvantail

En France, le principe de précaution est inscrit dans la Constitution par le biais de la Charte de l'environnement. Le texte énonce : « Lorsque la réalisation d'un dommage, bien qu'incertaine en l'état des connaissances scientifiques, pourrait affecter de manière grave et irréversible l'environnement, les autorités publiques veilleront, par application du principe de précaution, et dans leurs domaines d'attribution, à la mise en œuvre de procédures d'évaluation des risques et à l'adoption de mesures provisoires et proportionnées afin de parer à la réalisation du dommage. »

Ainsi formulé, le principe de précaution s'applique aux autorités publiques. Il vise les situations d'incertitude sur l'évaluation des risques. Il complète les approches de prévention, qui concernent pour leur part les risques avérés, dont les conséquences sont connues au moins de manière statistique. Il invite à l'action lorsqu'un risque aux conséquences graves est plausible, afin de mieux caractériser ce risque.

Pour mesurer la portée réelle de l'inscription du principe de précaution dans la Constitution française, il est utile d'identifier les autres traductions juridiques du principe dans le droit national et international. On verra qu'avant même son insertion dans la Constitution, de multiples textes nationaux, européens et internationaux y faisaient référence (section 1). La jurisprudence en fait cependant un usage prudent et mesuré (section 2). Son inscription dans la Constitution, plus qu'une nouvelle source de droit modifiant les textes existants, est une prise en considération symbolique des préoccupations d'une société inquiète et peu confiante dans la capacité des pouvoirs publics à la protéger (section 3).

## 1. Le principe de précaution est ancré dans les droits international et européen

Avant l'inscription juridique du principe de précaution, et même avant l'invention du terme, le droit de la responsabilité incitait déjà les entreprises à une démarche de prudence. Tout individu ou entreprise est en effet juridiquement responsable des préjudices ou dommages causés par son activité et le domaine de la responsabilité pour risque s'est progressivement étendu.

Toutefois, une personne morale n'a pas toujours les moyens ou l'incitation de réparer certains dégâts importants que son comportement pourrait causer. Alors que les coûts de la prévention ou de la précaution sont à sa charge, les dégâts pouvant résulter de l'absence de précaution seront pour leur part largement à la charge des tiers[3]. Elle peut donc être tentée de prendre moins de précautions que ce qui serait pertinent du point de vue de la collectivité. L'État est donc dans son rôle régalien de garant de l'optimum économique global en imposant des mesures de prévention ou de précaution adaptées.

La particularité du principe de précaution a été d'étendre le champ d'intervention de la puissance publique aux situations d'incertitude où le risque de dommage est jugé plausible mais pas encore prouvé.

La genèse du principe de précaution est probablement européenne mais ses premières formulations émanent du droit international[4]. La conférence de Rio en 1992 énonce ainsi dans son principe 15 que « pour protéger l'environnement, des mesures de précaution doivent être largement appliquées par les États selon leurs capacités. En cas de risque de dommages graves ou irréversibles, l'absence de certitude scientifique absolue ne doit pas servir de prétexte pour remettre à plus tard l'adoption de mesures effectives visant à prévenir la dégradation de l'environnement. »

Toujours en 1992, le traité d'Amsterdam introduit dans le droit européen des précisions sur les politiques communautaires en matière d'environnement, qui affirment notamment un objectif de « niveau de protection élevé, avec une politique fondée sur les principes de précaution et d'action préventive » (art. 174).

En 1995, la loi Barnier introduit une adaptation de la déclaration de Rio dans la législation française. Elle ajoute des objectifs de « mesures proportionnées » et de « coût économiquement acceptable ».

---

3 - Même si l'entreprise a la capacité financière de réparer les dégâts, l'attribution de la responsabilité peut donner lieu à de longues controverses, surtout si les dommages se produisent bien plus tard que les faits générateurs.

4 - La doctrine du principe de précaution remonte aux années 1970 avec l'apparition, en République fédérale d'Allemagne, d'un nouveau principe juridique : le *Vorsorgeprinzip*. Celui-ci confère alors aux autorités l'obligation d'agir face à un risque environnemental grave, même si ce dernier demeure mal cerné d'un point de vue scientifique. La première reconnaissance internationale du principe de précaution a eu lieu en 1987, à Londres, lors d'une conférence internationale pour la protection de la mer du Nord. Sa consécration mondiale a lieu en juin 1992 lors de la conférence des Nations unies sur l'environnement et le développement tenue à Rio de Janeiro. (source : billet de Jean-Paul Maréchal sur le site collectif www.constructif.fr)

La loi Barnier énonce que « l'absence de certitudes, compte tenu des connaissances scientifiques et techniques du moment, ne doit pas retarder l'adoption de mesures effectives et proportionnées visant à prévenir un risque de dommages graves et irréversibles[5] à l'environnement à un coût économiquement acceptable. »

En 2000, la Communication de la Commission européenne sur le principe de précaution annonce : « Le principe de précaution s'applique dans des situations où les données scientifiques sont insuffisantes, peu concluantes ou incertaines et où une évaluation scientifique préliminaire montre qu'on peut raisonnablement craindre que des effets potentiellement dangereux pour l'environnement et la santé humaine, animale ou végétale soient incompatibles avec le niveau de protection élevé recherché par l'Union européenne[6]. »

Le principe de précaution est dès lors utilisé comme source du droit européen dans plusieurs textes. Il est par exemple mentionné comme une base juridique dans la directive 2001/18/EC sur les disséminations volontaires et les mises sur le marché d'OGM, dans le règlement établissant l'Autorité européenne pour la sécurité alimentaire (2002), ou encore le règlement REACH concernant l'enregistrement, l'évaluation, l'autorisation et la restriction des substances chimiques (2006).

Le principe de précaution est donc utilisé dans le droit européen. La logique de son usage y est avant tout celle de l'action réglementaire mesurée. Plutôt que de bloquer le développement industriel, la référence au principe de précaution dans le droit européen consiste à l'encadrer et à adapter les mesures au niveau de risque plausible. Dans certains cas, comme celui des OGM, l'approche européenne consiste à autoriser ces organismes au cas par cas, à l'issue d'une évaluation des dossiers, tout en laissant aux États membres la possibilité d'utiliser une clause de sauvegarde, sur des bases scientifiquement fondées.

## 2. En France, l'usage juridique du principe de précaution est mesuré

La France a la particularité d'avoir inscrit le principe de précaution dans sa Constitution. L'opportunité de cette décision a été critiquée. Il est intéressant de s'interroger sur les conséquences pratiques de cette inscription.

---

5 - Notons que le texte français est plus restrictif que la déclaration de Rio, puisqu'il se réfère à des « dommages graves *et* irréversibles », plutôt que « graves *ou* irréversibles ».

6 - Cette communication de la Commission européenne est l'un des premiers documents considérant que le champ d'application du principe de précaution doit être élargi à « la santé humaine, animale ou végétale ». Bien qu'il n'ait pas de portée juridique, on remarque que la plupart des décisions de la Cour de justice de l'Union européenne faisant application du principe de précaution portent sur des affaires liées à la santé.

## Encadré 1 - UNE APPLICATION PRUDENTE DU PRINCIPE DE PRÉCAUTION : L'EXEMPLE DES LIGNES À TRÈS HAUTE TENSION

Des demandes d'indemnisation ont été formulées par des éleveurs considérant que les lignes électriques à très haute tension (THT) avaient un impact sur l'état sanitaire des troupeaux. La procédure judiciaire a été menée jusqu'à la Cour de Cassation, qui a rejeté en 2011 la demande d'indemnisation. La Cour d'Appel avait relevé « des incertitudes notables » sur l'effet des lignes THT, ce qui aurait pu constituer une situation d'application du principe de précaution. Cependant la Cour de Cassation a considéré que le lien de causalité entre la présence d'une ligne THT et l'état sanitaire des troupeaux n'était pas établi. La Cour de Cassation a donc jugé qu'un tribunal ne pouvait invoquer le principe de précaution pour justifier une indemnisation en l'état du droit et rappelé qu'il appartenait au seul législateur de modifier éventuellement celui-ci.

L'intervention du Conseil d'État sur le dossier a été plus explicite, tout en étant elle aussi prudente sur l'application du principe de précaution. Le Conseil relève que le risque n'est pas démontré dans tous ses éléments, mais que des études concordantes montrent une corrélation statistique entre des effets sanitaires et la présence dans une zone à moins de 100 mètres d'une ligne 400 000 volts. En conséquence, il demande la mise en place d'un dispositif de surveillance et de mesure par des organismes indépendants, la minimisation de l'exposition des populations (particulièrement les populations à risques) à proximité des lignes ainsi que l'obligation de procéder au rachat des habitations situées à moins de 100 mètres des lignes. Dans sa décision, il considère que la méconnaissance du principe de précaution empêche qu'une opération soit déclarée d'utilité publique[7]. En l'occurrence, dans sa décision du 12 avril 2013, le Conseil a estimé que les procédures d'évaluation du risque et les mesures de précaution mises en place (information du public, tracé minimisant le nombre d'habitations le long de la ligne, etc.) étaient suffisantes pour ne pas priver le projet de son utilité publique.

---

7 - La décision du Conseil d'État du 12 avril 2013 précise « qu'une opération qui méconnaît les exigences du principe de précaution ne peut jamais être déclarée d'utilité publique.
Il appartient dès lors à l'autorité compétente de l'État, saisie d'une demande tendant à ce qu'un projet soit déclaré d'utilité publique, (1) de rechercher s'il existe des éléments circonstanciés de nature à accréditer l'hypothèse d'un risque qui justifierait, en dépit de son caractère hypothétique en l'état des connaissances scientifiques, l'application du principe de précaution ; (2) dans l'affirmative, de veiller à ce que des procédures d'évaluation du risque identifié soient mises en œuvre par les autorités publiques ou sous leur contrôle ; (3) de vérifier que les mesures de précaution prévues pour prévenir la réalisation du dommage ne sont ni insuffisantes, ni excessives, en prenant en compte, d'une part, la plausibilité et la gravité du risque, d'autre part, l'intérêt de l'opération. Il appartient alors au juge, saisi de conclusions dirigées contre l'acte déclaratif d'utilité publique et au vu de l'argumentation dont il est saisi, de vérifier que l'application du principe de précaution est justifiée, puis de s'assurer de la réalité des procédures d'évaluation du risque mises en œuvre et de l'absence d'erreur manifeste d'appréciation dans le choix des mesures de précaution. »

Dans la plupart des cas, les juridictions françaises ont préféré renvoyer au législateur ou adopter une approche prudente plutôt que d'interdire un procédé ou un produit en s'appuyant sur le principe de précaution[8]. Les décisions rendues par le Conseil d'État et par la Cour de Cassation tendent à éviter des prises de position tranchées en faveur ou à l'encontre des projets industriels, et favorisent plutôt la mise en place de mesures équilibrées.

Jusqu'à présent, aucune loi n'a été déclarée inconstitutionnelle sur le fondement du principe de précaution. Lorsqu'il a été saisi, le Conseil Constitutionnel a cautionné l'avis du législateur, que ce dernier ait autorisé ou au contraire interdit des technologies nouvelles. Ainsi, par exemple, saisi par des parlementaires (196 députés et 69 sénateurs) contestant la constitutionalité de la loi relative aux organismes génétiquement modifiés (2008), le Conseil Constitutionnel a considéré que la mise en place des procédures d'évaluation indépendante et transparente des risques, assurée par une expertise collective menée selon des principes de compétence, pluralité, transparence et impartialité, de surveillance et de contrôle préalables à l'autorisation des OGM, assurait le respect du principe de précaution[9]. Le Conseil Constitutionnel a donc considéré que le dispositif d'autorisation après évaluation au cas par cas pouvait être considéré comme « une mesure proportionnée » et que le principe de précaution n'impliquait pas d'interdiction.

En outre, en 2013, saisi d'une question prioritaire de constitutionnalité posée par la société Schuepbach Energy LLC, il a considéré que la loi Jacob interdisant la fracturation hydraulique pour l'exploitation des gaz de schiste n'invoquait pas le principe de précaution de façon abusive et que l'on ne saurait y opposer, dans ce cas, le respect de la liberté d'entreprendre, elle-même découlant de l'article 4 de la Déclaration de 1789[10].

De façon générale, la difficile application du principe de précaution conduit les juridictions à se tourner vers le législateur, dont elles reconnaissent la liberté par rapport à l'avis scientifique. Cette attitude se justifie notamment par le fait que les décisions comportent toujours des éléments de nature « politique, économique et sociale » en situation d'incertitude et/ou de controverses[11].

8 - Voir sur le site internet de La Fabrique de l'industrie (www.la-fabrique.fr) la présentation de Marie-Angèle Hermitte sur la jurisprudence du principe de précaution.

9 - En d'autres termes, le Conseil rejetait la demande des opposants qui affirmaient que la loi contestée contrevenait au principe de précaution (Conseil Constitutionnel, 19 juin 2008, n°2008-564 DC). L'autre élément concourant à la conformité au principe concernait le « respect des structures agricoles, des écosystèmes locaux et des filières sans OGM ».

10 - Décision n°213-346 QPC du 11 octobre 2013. Le Conseil Constitutionnel estime justifié que la technique soit autorisée pour la géothermie, mais pas pour l'extraction d'hydrocarbure, étant donné que « le législateur a considéré que la fracturation hydraulique de la roche à laquelle il est recouru pour stimuler la circulation de l'eau dans les réservoirs géothermiques ne présente pas les mêmes risques pour l'environnement » (considérant 9), ce qui précise l'interprétation des termes « mesures proportionnées ».

11 - La reconnaissance du pouvoir discrétionnaire n'est pour autant pas synonyme d'arbitraire : « L'erreur manifeste d'appréciation » que commettraient les autorités décisionnaires demeure un motif d'annulation de la décision.

## 3. Une réponse législative et réglementaire aux préoccupations de la société

L'encadrement de l'activité économique et le foisonnement des normes dépendent non pas de la justice ni de la Constitution mais du législateur et de l'Administration, qui tiennent eux-mêmes compte de l'inquiétude de certains publics face aux conséquences de l'usage de certains procédés et produits.

Cette place grandissante accordée par la société à la sécurité s'explique en premier lieu par le fait que les besoins les plus impérieux sont pour la plupart satisfaits. Cela vient également du fait que l'étendue ressentie des menaces augmente. En effet, les progrès techniques de la surveillance sanitaire et des connaissances associées peuvent avoir pour conséquence paradoxale de donner l'impression que les risques s'accroissent, alors que c'est souvent notre connaissance des risques qui s'améliore et nous permet de mieux les maîtriser[12].

Ces évolutions sont enfin la conséquence d'une succession de crises sanitaires et environnementales (sang contaminé, vache folle, Tchernobyl, etc.). D'une part, ces dernières ont montré qu'on ne peut pas supposer que tous les acteurs publics et économiques privilégient la sécurité des consommateurs lorsque celle-ci induit des coûts importants. D'autre part, elles ont mis en évidence que les administrations en charge de les encadrer et de les contrôler ne parviennent pas toujours à le faire efficacement. Enfin, elles ont illustré les difficultés à identifier *a posteriori* des « responsables » capables d'indemniser les personnes lésées.

La préoccupation de sécurité induit une forte pression sur les élus et sur l'Administration. Cela peut les conduire à prendre des mesures dont les bénéfices ne justifient pas le coût, à mettre en scène leur empressement ou à s'exonérer de toute responsabilité future, généralement en s'abritant derrière une invocation à mauvais escient du « principe de précaution » (*cf.* Encadré 2)[13].

L'inscription du principe de précaution dans la Constitution d'un côté, l'édiction de mesures coûteuses ou contraignantes d'un autre côté, illustrent la réaction du législateur et du régulateur aux préoccupations croissantes de la société. Toutefois, la seconde n'est pas la conséquence directe de la première. C'est pourtant sur cet épouvantail du principe de précaution « constitutionnalisé » que se focalisent ceux qui souffrent de la surproduction de normes ou de mesures contraignantes.

---

12 - Dab, 2013 : « Le temps où l'on admettait que la production des richesses se fasse au prix de dégâts sanitaires est révolu. » Les travaux historiques de Jean-Baptiste Fressoz montrent cependant que les préoccupations sanitaires sont anciennes, même si elles ne faisaient pas l'objet d'une « écoute » aussi attentive.

13 - Selon Michael Power (2004), « *the risk management of everything* » devient un outil de gestion de la réputation des responsables dans une société transparente, de transfert de la responsabilité des politiques vers les experts des agences et de pédagogie pour rendre le risque résiduel acceptable.

**Encadré 2 - FRANÇAIS, JE VOUS AI COMPRIS : MISE EN SCÈNE D'UNE PRÉTENDUE « PRÉCAUTION »**

À la suite d'un dramatique accident d'ascenseur survenu le 15 juin 2002 à Amiens, le ministre en charge du Logement, de surcroît élu de cette ville, fait voter une loi imposant une conformité des ascenseurs à des normes plus exigeantes pour un coût (à la charge des copropriétés) évalué à huit milliards d'euros[14]. Notons *qu'il ne s'agit en aucune manière d'une application du principe de précaution, mais d'une mesure de prévention dont on peut évaluer les bénéfices et les coûts* : le nombre d'accidents graves est connu – sept par an avant la mise aux normes, pour 36 milliards de trajets. On peut donc douter que la mesure adoptée ait constitué une réponse « proportionnée ». La décision de savoir s'il faut engager huit milliards d'euros pour éviter une grande partie de ces sept accidents doit être comparée aux bénéfices d'autres investissements pour la santé et la sécurité de la population.

*A contrario*, c'est à l'exigence de sécurité exprimée par la société et à la manière dont les institutions et les entreprises peuvent y répondre que nous nous intéressons dans ce qui suit.

## Conclusion

Le principe de précaution est une réalité juridique en France et, pour le moins, dans le reste de l'Union européenne. Ses effets sont moins dus à son inscription dans la Constitution qu'à la succession d'initiatives juridiques d'origine internationale et européenne qui engagent en tout état de cause le législateur français. Les traductions concrètes du principe sont multiples et touchent aux divers domaines du droit de l'environnement, de la consommation et de la santé.

L'originalité française ayant consisté à introduire dans la Constitution le principe de précaution ne semble pas avoir eu de conséquences importantes sur les restrictions imposées aux activités industrielles et révèle surtout la sensibilité des élus aux préoccupations de sécurité de la société. Y a-t-il alors une spécificité française en matière de précaution et, si oui, comment la comprendre ? Pour répondre à cette question, il est nécessaire de décrire l'importance de l'attente générale de précaution au-delà de la seule traduction juridique du principe de précaution.

14 - Eliakim P., 2013.

# CHAPITRE 2

## Exigence de sécurité : y a-t-il une spécificité française ?

Les individus aspirent à la sécurité. Même ceux qui développent diverses « conduites à risque » supportent très mal d'être mis en danger du fait des actions ou de la négligence d'autrui et attendent des institutions qu'elles les en protègent.

Plus précisément, un individu peut accepter de prendre un risque raisonnable lorsque celui-ci est la contrepartie de bénéfices qu'il juge importants. Ainsi, un pêcheur prendra la mer par temps calme sur un bateau bien entretenu, même si un naufrage reste toujours possible. De même, la plupart des individus utiliseront un téléphone mobile, malgré les dangers liés à un usage intensif, éventuellement avec un kit permettant d'éloigner l'émetteur du cerveau.

Pourquoi en revanche accepteraient-ils même une présomption de risque pour une technologie si elle ne leur procure pas de bénéfice personnel ? Pourquoi voudraient-ils par exemple avoir des OGM dans leurs produits alimentaires, si ceux qui en contiennent ne sont ni moins chers ni plus goûteux qu'un produit classique ? Ou pourquoi se priveraient-ils d'acheter des biberons sans BPA s'ils remplissent le même usage que ceux qui en contiennent, indépendamment des conclusions de spécialistes sur les effets sanitaires de la substance incriminée ?

Les individus peuvent parfois accepter un risque limité pour des bénéfices collectifs, s'ils ont confiance dans la compétence et la vigilance de ceux qui gèrent le risque, mais ils exigeront une information transparente[15]. Ainsi les riverains d'une installation dangereuse mais utile peuvent parfois l'accepter, mais ne supporteront pas qu'on leur cache les incidents ou qu'on refuse de les informer de la conduite à tenir en cas de problème[16].

De quoi alors l'inscription du principe de précaution dans la Constitution, cette étrangeté française, est-elle le signe ?

---

15 - Ce qu'a confirmé la conférence de citoyens organisée par Fives sur les conditions dans lesquelles les riverains acceptaient l'installation d'une usine créatrice d'emplois.

16 - Au début des années 1980, les plans particuliers d'intervention au voisinage d'un site comme l'usine de retraitement de combustibles irradiés de La Hague étaient classifiés et inaccessibles aux riverains. Au début des années 2000, pour rétablir la confiance, des webcams ont été installées dans les ateliers sensibles afin que chacun puisse voir ce qu'il s'y passait.

## 1. Une société française plus frileuse ?

La société française est-elle plus frileuse, face aux risques réels et supposés, que celles d'autres pays ou que ce qu'elle fut elle-même dans le passé ?

Des enquêtes de perception mettent en évidence que les attitudes face au risque diffèrent largement au sein d'une même population. Ainsi Marie-Josée Forissier, présidente de Sociovision, décrit-elle un mouvement d'« archipellisation » de la société française en divers groupes, dont les attentes ou les craintes diffèrent, et qui s'éloignent les uns des autres au fil du temps. Une de ces composantes de la société française, importante, manifeste en effet une forte exigence de sécurité.

Si une frange de la population est effectivement tentée par le « repli », cela ne signifie pas que la population française dans son ensemble soit frileuse.

## Encadré 3 - UNE ENQUÊTE SUR L'ATTITUDE DES FRANÇAIS FACE AU RISQUE

Spécialisé dans la compréhension et l'anticipation des changements de la société, le cabinet Sociovision réalise annuellement une importante enquête (plus de 4000 questions posées) se proposant d'explorer les perceptions des Français sur un certain nombre de sujets de société. L'édition 2012-2013 de cette étude révèle une montée importante des préoccupations des Français face aux incertitudes et aux risques.

La propension au risque des Français s'inscrit en baisse régulière depuis une quinzaine d'années. Dans un environnement caractérisé par la persistance des effets de la crise économique, seul un tiers des Français déclarait ne pas être gêné par les incertitudes et les imprévus de la vie actuelle, alors qu'ils étaient encore 43 % en 2006.

Avec les fermetures d'entreprises, les risques liés à l'activité industrielle sont cités le plus spontanément comme étant les plus préoccupants. Face à ces craintes, on observe une augmentation de la demande d'autorité et de protection.

Cette étude met aussi en évidence le caractère « archipellisé » de la société française. Cette dernière est composée de nombreux groupes aux aspirations différentes, qui s'éloignent de plus en plus les uns des autres[17]. Trois tendances centrifuges se distinguent : pendant que l'on observe une « élitisation » des catégories de population les plus privilégiées et ouvertes au changement, d'autres, moins favorisées et plus frileuses face aux évolutions, s'inscrivent dans un mouvement de décrochage. Les classes moyennes peuvent pour leur part être tentées par le repli sur des valeurs plus conservatrices. Face à ces craintes qui ont pour effet de distendre le lien social, les individus privilégient alors des valeurs « refuge » telles que la famille, l'entreprise, ainsi que les instruments pouvant être mis au service de l'intérêt général, dont Internet et les réseaux sociaux.

Le cabinet Sociovision réalise par ailleurs tous les deux ans une enquête internationale[18], qui révèle un plus faible enthousiasme des Français pour le progrès technique. Ils sont en effet 59 % à estimer que le progrès technique participe à la création d'un monde meilleur, contre 86 % des Espagnols ou 93 % des Chinois[19].

---

17 - Marie-Angèle Hermitte, membre du groupe de travail, distingue les « aventureux » qui ne voient pas d'obstacle à changer certaines bases de la société sous l'effet de l'évolution des techniques, et ceux qui préfèrent les conserver. Leur rapport au risque n'est pas le même et cela dépasse largement une analyse bénéfices-risques.

18 - Cette enquête est menée dans cinq pays européens ainsi qu'aux États-Unis, au Brésil, en Russie, en Inde et en Chine.

19 - Les résultats de l'Eurobaromètre mené en 2010 par la Commission européenne dressent toutefois le constat inverse. Ces derniers montrent en effet que la France se situe juste au niveau de la moyenne européenne en ce qui concerne la confiance accordée par les citoyens dans la capacité de la science à améliorer la vie des individus. La base de comparaison n'est certes pas la même (ensemble des pays de l'UE dans le cas de l'Eurobaromètre), mais ces contradictions mettent en évidence les difficultés à réaliser des comparaisons internationales sur la base d'études de perception.

## 2. Une réglementation plus contraignante en Europe qu'aux États-Unis ?

D'autres enquêtes étudient, en parallèle, l'hypothèse d'un décalage en matière de choix réglementaires, notamment entre l'Europe et les États-Unis.

La différence entre les deux continents est sensible en ce qui concerne les mécanismes, et notamment les procédures d'expertise, qui conduisent à la réglementation (*cf.* Encadré 4). Schématiquement, l'expertise américaine se fait plutôt *ex post* dans l'arène judiciaire, et sur une base principalement scientifique, quand les mécanismes européens sont plus largement consultatifs et veulent intervenir en amont de la réalisation du risque. De là vient peut-être l'idée, souvent entendue, que l'Europe serait plus réticente que les États-Unis à l'égard du risque industriel.

Mais, une fois la réglementation écrite, les différences s'estompent fortement. Les études systématiques de la réglementation du risque technique réfutent ainsi l'idée d'une opposition culturelle entre une Europe réglementée et une Amérique libérale. Selon les domaines concernés, les États-Unis sont plus ou moins précautionneux que l'Union européenne[20] et, en moyenne sur un grand nombre de risques, on ne décèle pas un très net écart entre les deux continents[21].

On manque encore d'une étude comparative entre pays européens. Mais, en première approche, il ne semble pas que la réglementation française soit systématiquement plus précautionneuse que celle de ses pays voisins. Premièrement, elle est en grande partie dépendante de la réglementation européenne sur les sujets examinés plus haut. Elle ne peut donc être entièrement originale. Deuxièmement, les positions françaises dans les instances européennes varient selon les sujets. La France est par exemple très active pour réclamer un contrôle réglementaire spécifique aux nanomatériaux dans le droit européen. Elle est sur ce point beaucoup plus stricte que d'autres États membres, notamment l'Allemagne, qui considèrent que le corpus réglementaire existant est suffisant. En revanche, la mise en avant des conséquences environnementales des activités sanitaires est beaucoup plus marquée outre-Rhin sur des sujets comme les agro-carburants, pour lesquels nos voisins demandent un encadrement plus strict, ou sur le nucléaire.

---

20 - Wiener J. B. *et al.*, 2011.

21 - On ne note pas non plus un meilleur discernement des États-Unis dans le choix des sujets déclenchant des mesures de précaution. Les quelques « faux positifs » (déclenchement de mesures de précaution face à un risque qui s'avère finalement surestimé) repérés par l'Agence européenne de l'environnement ont tous eu lieu aux États-Unis (vaccination contre la grippe porcine en 1977, étiquetage de la saccharine supposée potentiellement cancérigène, autorisations très tardives sur l'irradiation de la nourriture, plantations excessives pour compenser les mauvaises récoltes attendues du fait de la maladie du maïs SCLB).

## Encadré 4 - LA PRÉCAUTION RÉGLEMENTAIRE EN EUROPE ET AUX ÉTATS-UNIS

L'inscription du principe de précaution dans la Constitution française est volontiers interprétée comme le signe que, d'un point de vue réglementaire, la France serait plus « frileuse » que les autres pays développés face à l'innovation et à l'acceptation du risque industriel.

Il est vrai que les mécanismes institutionnels permettant de produire une décision considérée comme légitime varient selon les pays. Comparant les politiques publiques en matière de biotechnologies, Sheila Jasanoff montre ainsi le contraste qui sépare le fonctionnement américain, où l'expertise objective est centrale, et, notamment, les procédures allemandes de concertation entre parties prenantes. L'importance de la régulation par le marché et de l'expertise mobilisée dans l'arène judiciaire est caractéristique de la situation américaine. En Europe, la régulation est censée intervenir en amont de la réalisation du risque.

Toutefois, cette différence dans la manière de produire la réglementation n'induit pas un écart significatif sur le caractère contraignant de la réglementation elle-même.

Ainsi, plusieurs études ont étudié les pratiques de précaution en Europe et aux États-Unis, sur différents sujets : pollution automobile, gaz à effet de serre, OGM, pesticides, nourriture animale, etc. Leurs résultats vont à rebours d'explications purement culturalistes qui voudraient opposer une Europe naturellement « précautionneuse » à une Amérique « aventureuse ».

Dans son ouvrage *The politics of precaution*, David Vogel analyse les réglementations portant sur la protection de l'environnement et des consommateurs en Europe et aux États-Unis, sur les cinquante dernières années. Il met ainsi en évidence que la politique était plus stricte outre-Atlantique dans la période 1960-1990, notamment en ce qui concerne les pollutions industrielles, et que l'on assiste depuis à un renversement. Les différences observables ne peuvent donc être rattachées, comme on l'entend parfois, à un « esprit pionnier » prévalant aux États-Unis depuis le début de leur histoire.

Les travaux de Jonathan Wiener, un autre politiste américain, complètent cette perspective en insistant sur la grande variété des positionnements européens et américains suivant les sujets. La réglementation américaine est par exemple plus précautionneuse que son équivalente européenne en matière de lutte contre le tabagisme ou de risque nucléaire et beaucoup moins pour la culture et l'utilisation des OGM[22].

Ces travaux conduisent à considérer les différences de précaution entre les États-Unis et l'Europe comme un mouvement de court terme, sujet à des variations. *A contrario*, elles ne sont pas révélatrices d'un état d'esprit radicalement opposé entre une Amérique historiquement aventureuse et une Europe culturellement repliée sur elle-même

22 - Les OGM sont acceptés aux États-Unis car ils n'« existent » pas. Les aliments à base d'OGM ne sont pas étiquetés et le niveau d'information de la population est très faible : selon une étude de l'International food information council (IFIC), seuls 28 % des Américains savaient que des produits OGM étaient commercialisés dans les supermarchés en 2010.

## 3. Cadrage des questions et confiance dans les institutions

Les paragraphes précédents ont montré que ni la France, ni l'Europe, ni les États-Unis ne suivaient des comportements stéréotypés et prédictibles en matière de gestion des risques et de précaution. Cela n'exclut pas que, face à une question posée, pays et continents puissent réagir différemment, au moins dans un premier temps. Mais ces différences ne peuvent être expliquées par une simple affaire de « mentalité » pas plus que par le seul état du droit ou de la Constitution à un moment donné. La perception des risques et les choix réglementaires sont tous deux intimement liés à la confiance qu'ont les individus dans les institutions en charge de la gestion des risques.

En effet, de nombreux travaux ont étudié les ressorts de l'opposition à la technologie : celle-ci provient moins d'une mauvaise compréhension du niveau réel du risque que d'une défiance envers la capacité des institutions à prendre en charge les conséquences néfastes des activités humaines et à prendre en compte les attentes sociales[23]. Par exemple, des analyses qualitatives précises de l'opposition aux OGM en Europe montrent que les positions les plus opposées sont directement liées à des questionnements sur la faculté des institutions publiques et privées à gérer les incertitudes liées aux biotechnologies[24].

Or, les critères de légitimité ou d'objectivité varient eux aussi. Aux États-Unis, les pénalités financières ou les compensations accordées aux plaignants peuvent être extrêmement lourdes. Les « actions de groupe » (*class actions*) coûtent très chers aux industriels, même lorsque la justice leur donne finalement raison (*cf.* Encadré 5). Le système judiciaire américain encourage donc les industriels à la prudence et à la mise en place de dispositifs de gestion des risques efficaces, s'ils en ont les moyens et pensent rester solvables. Ce type de contrainte s'exerce beaucoup moins, par construction, sur les petits exploitants industriels, dont les ressources disponibles restent très inférieures au coût potentiel d'une éventuelle réparation. À l'autre bout du spectre, de très grandes institutions (*too big to fail*) peuvent être capables de faire supporter par d'autres les dommages que leurs imprudences provoquent ou rendent plus probables, ou s'organiser pour échapper à leur responsabilité[25] grâce à des montages sophistiqués ou à d'interminables batailles juridiques.

---

23 - Voir par exemple Wynne B., 1992.

24 - Voir Marris C., 2001a. On notera cependant que les risques ou nuisances pris en compte varient selon les parties prenantes, au sein d'instances comme le Haut conseil des biotechnologies : le refus des brevets dans le domaine des semences, le conflit entre pros et antis sur la charge des surcoûts liés à la coexistence, la non assurabilité de la plupart des risques liés aux OGM, etc.

25 - Dans le cas des sites pollués « orphelins » par exemple.

## Encadré 5 - LES *CLASS ACTIONS* AUX ÉTATS-UNIS

Une *class action* désigne une action en justice menée par un groupe de personnes afin d'obtenir une indemnisation financière en compensation d'un dommage subi. Ce type de procédure permet de fusionner dans un procès unique un grand nombre de plaintes individuelles portant sur un même préjudice. Originaires des États-Unis, ces recours collectifs sont surtout répandus dans les pays de *common law* tels que le Canada ou l'Angleterre. Ils se sont plus récemment développés dans des pays de droit codifié tels que l'Italie ou le Portugal. La France a pour sa part adapté le principe des *class actions* par la loi du 13 février 2014, mais en les restreignant au domaine de la consommation.

Quel que soit le pays, les actions collectives concernent de toute manière principalement des consommateurs qui se retournent contre des entreprises dont l'activité – vente d'un bien ou d'un service, pratique de marché, etc. – leur a porté préjudice.

Avec celui de l'industrie du tabac, l'exemple des *class actions* menées aux États-Unis pour dédommager les victimes de l'amiante est le plus révélateur de l'impact que peuvent avoir ces procédures sur les industriels : une étude du cabinet Le Mazou a estimé à 164 milliards de dollars le montant total des dommages et intérêts accordés aux victimes ; de même, elle estime que ce sont environ 500 000 à 600 000 personnes qui mènent chaque année des actions individuelles contre l'amiante aux États-Unis.

La confiance dans la capacité des institutions à bien gérer les risques est donc un paramètre essentiel de l'interaction efficace entre les autorités, les entreprises et les usagers. Or nous allons voir au chapitre suivant que la France peine aujourd'hui à bien gérer les risques avérés ou potentiels[26].

26 - Il est difficile de déterminer si le manque de confiance dans les institutions chargées de « protéger » la population contre les risques est lié à une moindre confiance des Français dans leurs institutions en général ou à des défaillances spécifiques des institutions en charge du risque.

# CHAPITRE 3

## La France mal outillée pour mettre en œuvre la précaution

En France du moins, la gestion des risques a toujours soulevé beaucoup de difficultés pour les pouvoirs publics, même dans les cas où le risque est scientifiquement établi. En effet, l'intérêt du décideur ne coïncide pas toujours avec celui de la collectivité. En outre, l'incertitude sur le risque ajoute de nouvelles difficultés quand il s'agit d'organiser l'expertise, d'associer les parties concernées à l'élaboration d'une « action mesurée » et de mettre en œuvre celle-ci. Si des progrès ont pu être faits sur les dispositifs d'expertise et de concertation, ceux-ci sont encore loin de permettre un partage serein des connaissances et des arguments conduisant à définir un cours d'action bien accepté par les parties prenantes. Il en résulte une action publique désordonnée, souffrant de pressions contradictoires, et d'un manque de continuité, qui produit une réglementation foisonnante, instable, contraignante et peu efficace. Le problème vient du manque d'institutions, de procédures et d'outils qui suscitent la confiance des parties prenantes pour mettre en œuvre un « régime de précaution » sans étouffer l'activité économique.

### 1. La gestion publique des risques

La gestion des risques, notamment sanitaires, environnementaux ou liés aux catastrophes naturelles ou industrielles, est un exercice délicat pour les pouvoirs publics, même en l'absence d'incertitude scientifique, c'est-à-dire dans le cadre de la prévention et non de la précaution.

Rappelons qu'un risque est, selon Ulrich Beck, « un événement non encore survenu qui motive l'action ». Cette définition recouvre à la fois les registres de la prévention et de la précaution, c'est-à-dire respectivement les risques statistiquement connus[27] et

27 - Bien sûr, la connaissance statistique d'un risque laisse dans l'ignorance du lieu et de la date d'un sinistre effectif, il y a donc une « incertitude » de la personne qui s'assure contre l'accident ou du décideur public qui prend des mesures de prévention. Mais il n'y a pas d'incertitude pour l'assureur qui connaît la distribution des sinistres sur un grand nombre de clients. Nous ne parlons, dans tout ce chapitre, que de précaution et pas de prévention, et donc de l'incertitude liée à la connaissance scientifique elle-même d'un phénomène, à son existence et à la probabilité du risque.

ceux qui sont plausibles mais dont on n'est certain ni de la réalité, ni même de l'éventuelle probabilité d'occurrence.

Les personnes souhaitent être en sécurité et attendent qu'on les protège contre tout accident, naturel ou non, dont elles ne seraient pas la cause directe. Mais il faut parfois beaucoup de vertu aux autorités pour prendre les mesures nécessaires. Par exemple, il peut être utile, mais téméraire, d'organiser un exercice de simulation de crise à grande échelle. Cet exercice et les leçons qui en sont tirées sont importants pour entraîner les forces d'intervention et de secours, professionnelles et bénévoles, et rendre ainsi leur action plus efficace ; mais l'exercice, surtout s'il n'a pas été fait régulièrement par le passé, peut révéler de nombreux défauts et induire de nombreuses critiques à l'égard de ses organisateurs. L'autorité en charge de la préparation des forces d'intervention peut donc être tentée de différer l'exercice.

La connaissance, au moins statistique, des bénéfices et risques de chaque cours d'action permet de déterminer la décision la plus favorable mais ne garantit aucunement qu'il soit facile de la mettre en œuvre.

Par ailleurs, il faut souligner que le système judiciaire est assez mal équipé pour juger des cas où un décideur a eu, comme dans l'exemple précédent, à arbitrer entre deux actions possibles, dont chacune induisait des risques. Hormis le cas du délit de mise en danger d'autrui, les juges se prononcent plutôt en considérant des causalités prouvées et des scénarios réellement advenus, même avec une probabilité d'occurrence faible. L'imprudence qui n'a pas conduit à un accident sera donc assez facilement pardonnée, faute de plaignant ou de dommage à réparer, tandis que le comportement scrupuleux ayant tout de même fait des victimes, même si les alternatives auraient pu en faire encore plus, vaudra à son auteur au mieux une longue et pénible procédure.

## Encadré 6 - LORSQUE LES INTÉRÊTS DU DÉCIDEUR ET DE SES MANDANTS DIVERGENT

Supposons qu'une épidémie se propage et qu'elle menace d'infecter trois millions de personnes et d'entraîner des séquelles graves pour 1 ‰ d'entre-elles, soit trois mille victimes. Supposons par ailleurs qu'il existe un vaccin pour combattre le virus mais que celui-ci implique des risques pour au plus dix personnes sur l'ensemble de la population.

Si la vaccination est imposée par les pouvoirs publics, les trois mille personnes sauvées ne sauront jamais qu'elles auraient contracté la maladie et n'exprimeront pas leur reconnaissance; en revanche les quelques personnes ayant subi des complications accuseront les autorités de les avoir mises en danger[28]. Pour peu qu'apparaisse quelques mois plus tard un vaccin ayant moins d'effets secondaires, on critiquera une décision rétrospectivement qualifiée de précipitée.

Il sera tentant pour un responsable politique confronté à une telle situation de se contenter de faire une campagne d'information enjoignant aux individus de se faire vacciner gratuitement, sans omettre de les informer sur les très rares risques du vaccin. Le risque aura été pris avec le consentement éclairé du patient et le décideur ne pourra pas être mis en cause. Mais, en pratique, des populations fragiles seront moins bien informées et moins bien protégées et il y aura globalement plus de décès.

Notons que nous ne sommes même pas ici dans une situation de précaution mais de prévention: il n'y a aucun doute sur le fait qu'il soit globalement optimal d'administrer le vaccin du point de vue de la santé publique. Pour autant, les intérêts du décideur public et de la population ne coïncident pas. Il faut que les décideurs soient particulièrement vertueux, ou que les procédures soient efficaces et robustes, pour leur permettre de faire les bons choix[29].

---

28 - Les demandes d'indemnisation des personnes ayant attribué des troubles de santé à leur immunisation contre la grippe porcine en 1977 auraient coûté 83 millions de dollars aux services de santé des États-Unis, auxquels s'ajoutent une vingtaine de millions de coûts légaux et administratifs, bien que la causalité n'ait jamais été établie avec certitude. Ces coûts sont presque équivalents aux 124 millions dépensés pour la vaccination elle-même.

29 - Pour Marie-Angèle Hermitte, il n'y a jamais de situations de pure précaution ou de pure prévention, mais un mélange des deux. Dans le cas présenté ici, il y a incertitudes sur la dangerosité exacte de la maladie et celle du vaccin, mais certitudes sur sa capacité à protéger et sur le fait que la grippe est tout de même dangereuse. Dans ce cas, les conflits seront d'autant moins violents que la possibilité d'un risque d'effet indésirable a été clairement signalée, que la vaccination n'est pas obligatoire et que les dommages suspectés sont pris en charge, même si le lien de causalité n'est pas démontré.

## 2. L'incertitude et le régime de précaution

En présence d'incertitude, les choses se compliquent encore. Dans ce cadre, l'analyse coûts-bénéfices est en effet impossible car la probabilité d'occurrence d'un dommage n'est pas connue. Le décideur se trouve pourtant devant l'injonction de prendre des « actions mesurées ». L'objectif est alors de ne pas entraîner de conséquences dommageables irréversibles et de réduire l'incertitude, et tout cela à un coût raisonnable.

Or, les différentes parties prenantes n'ont pas forcément les mêmes appréciations de la plausibilité et de la probabilité de divers scénarios. Elles seront alors particulièrement désireuses de participer à la délibération, pour promouvoir leur perception de la situation.

En situation d'incertitude, la gestion des risques prend donc une forme particulière que nous appellerons le « régime de précaution »[30], caractérisée par :

- des situations d'incertitude scientifique, au sein desquelles il est difficile d'établir une connaissance partagée sur ce que l'on sait et ce que l'on ignore ;
- la participation de divers publics « non experts » au traitement des questions techniques ;
- la nécessité de définir et de mettre en place des « actions mesurées ».

Ces trois caractéristiques, on le verra, donnent lieu à de multiples difficultés.

Les crises sanitaires des années 1990 ont conduit les pouvoirs publics, nationaux et européens[31], à chercher à mettre en place des dispositifs pour repérer en amont les signaux annonciateurs de problèmes sanitaires et des procédures adaptées à la gestion de ces situations d'incertitude. Ces crises ont suscité notamment, en France, la création des agences sanitaires. Plus récemment, les questions liées aux risques incertains de substances (nanomatériaux, perturbateurs endocriniens) ou phénomènes physiques (ondes) ont fait l'objet de l'attention des organismes d'expertise publique, à la fois du fait de revendications exprimées par la société civile et d'un souci de précaution des administrations publiques.

Les situations d'incertitude scientifique, lorsque les enjeux sont potentiellement très graves comme le changement climatique et ses conséquences, peuvent donner lieu à la construction d'institutions originales.

Face aux incertitudes, « l'action mesurée » consiste parfois à se donner les moyens de différer les décisions jusqu'au moment où les connaissances et les techniques auront suffisamment progressé pour qu'un choix

---

30 - Nous désignons par « régime de précaution » à la fois une classe de situations caractérisées par l'incertitude scientifique et les modalités de l'action des pouvoirs publics pour répondre à ces situations.

31 - Voir Agence européenne de l'environnement, 2013.

soit privilégié. C'est ainsi que le traitement des déchets nucléaires est fondé depuis plusieurs années sur la notion de « réversibilité », c'est-à-dire la capacité à revenir sur les choix techniques adoptés. La solution jugée la meilleure au début des années 1980 était l'enfouissement en couches profondes. Mais le débat public sur le sujet a conduit à privilégier la possibilité de rouvrir les discussions sur les options techniques possibles et souhaitables[32]. Il a été décidé d'examiner périodiquement les évolutions techniques et les transformations des attentes sociales. Le cas des déchets nucléaires apparaît ainsi comme une situation où l'on « décide sans trancher »[33].

La mise en place d'un « régime de précaution » repose sur la capacité à organiser la délibération et la décision en situation d'incertitude. Il s'agit « d'équiper » le régime de précaution de procédures et d'outils permettant de prendre des décisions dont chacun puisse comprendre, sinon approuver, les justifications et le bien-fondé. Cela renforcera la confiance des citoyens et des consommateurs dans la manière dont leurs institutions gèrent les risques auxquels ils peuvent être exposés.

## 3. S'équiper pour répondre avec discernement aux attentes de sécurité

### A. Établir ce que l'on sait et ce que l'on ignore, de manière partagée

Face à un risque incertain, la première étape consiste à faire un bilan de l'état des connaissances disponibles et des questions soulevées par les parties prenantes. L'organisation de l'expertise sur les risques a traditionnellement dû faire face aux problèmes de l'indépendance de l'expert et de la relation entre la production de connaissances et la décision politique. Ces problèmes ont donné lieu à des réflexions insistant sur la nécessaire séparation entre évaluation et gestion du risque[34]. Mais en situation d'incertitude, cette séparation peut se révéler difficile[35] : les choix des experts compétents, des problèmes à traiter ou des hypothèses de travail sont loin d'être neutres. Diverses initiatives visent à assurer la production d'une expertise acceptable. Elles portent notamment sur la mise en place d'une expertise collective, affichant le mieux possible les biais et intérêts potentiels de chaque expert individuel, où le collectif comprend une pluralité d'écoles de pensée[36]. Elles portent

32 - Voir notamment Barthe Y., 2006.

33 - Callon M., Lascoumes P., Barthe Y., 2001.

34 - Le document de référence sur ce point est le « Livre Rouge » américain (National Research Council, 1983).

35 - La sociologue Sheila Jasanoff relève ainsi que le « Livre Rouge », tout en affirmant la nécessité de la séparation entre « évaluation » et « gestion », ne peut manquer de relever les nombreuses difficultés pratiques que suscite sa mise en œuvre (Jasanoff S, 1993).

36 - Weill C., 2003 ; Hermitte M-A., 2013.

aussi sur l'inclusion de réflexions prospectives sur les scénarios d'action possibles et leurs conséquences[37] ou encore sur la manière d'associer les parties prenantes ou de diffuser les connaissances.

En France, les agences ont été renforcées ou transformées au cours des vingt dernières années pour organiser l'expertise sous l'égide des décideurs tout en évitant les confusions et les conflits d'intérêt. Les décideurs politiques et de l'Administration peuvent aussi espérer limiter leur responsabilité lorsqu'ils suivent les recommandations d'une autorité indépendante[38]. Les évolutions législatives visant à reconnaître les lanceurs d'alerte contribuent aussi à compléter l'information analysée par les agences.

Au niveau international, le fonctionnement du Groupe d'experts intergouvernemental sur l'évolution du climat (GIEC) est révélateur des recompositions des relations entre expertise et décision : l'organisation est à la fois une instance d'expertise et une arène de la diplomatie internationale. Son organisation interne traduit cette double mission : plutôt qu'une seule séparation nette entre l'expertise scientifique et la décision politique, elle multiplie les situations intermédiaires et s'appuie ainsi sur une « gestion hybride »[39].

## B. Associer les parties prenantes à la délibération

En situation d'incertitude, la prise en compte nécessaire de risques, plausibles mais non parfaitement établis, et des coûts à accepter pour les réduire fait l'objet d'opinions divergentes. Ces débats sont d'autant plus légitimes quand ceux qui subissent les risques et ceux qui profitent des bénéfices ne sont pas les mêmes. Le problème peut même se trouver encore compliqué par une asymétrie d'information entre ceux qui promeuvent une technologie et ceux qui la contestent ou doivent décider des conditions de son autorisation.

La demande de précaution émane en particulier de groupes très actifs dans de nombreux domaines scientifiques, techniques et industriels (*via* des dons à la recherche, la participation à des initiatives de communication scientifique, l'implication d'associations dans la recherche, la demande de transparence, la contribution à des encyclopédies collaboratives, etc.). Parfois, les individus et les groupes

37 - Faut-il par exemple informer largement la population d'un danger improbable ou face auquel il y a peu de précautions efficaces, au risque de créer un « préjudice d'angoisse » important qui peut avoir des conséquences réelles ? On sait que les Français ont été mal informés au sujet du « nuage » radioactif de Tchernobyl, supposé s'être arrêté aux frontières. Mais, en analysant les autres réactions, certains auteurs ont suggéré que les nombreuses interruptions de grossesses supplémentaires constatées en Allemagne avaient probablement traduit une réaction excessive à une information angoissante dont le public ne pouvait apprécier les conséquences exactes.

38 - Ceci va jusqu'à la délégation de la décision à l'agence dans le seul cas de l'Agence du médicament. Notons cependant qu'en cas de crise grave comme celle du Mediator, l'existence d'une agence n'évite pas la mise en cause de son ministre de tutelle.

39 - Voir Miller C., 2001.

## Encadré 7 - UNE AGENCE D'EXPERTISE FACE À L'INCERTITUDE : LE CAS DE L'ANSES

Comment faire passer des messages rigoureux sur le plan scientifique, utilisables par les pouvoirs publics et compréhensibles par le grand public ? Ce problème complexe est traité par l'Agence nationale de sécurité sanitaire de l'alimentation, de l'environnement et du travail (Anses). Cette agence a été créée le 1er juillet 2010 par la fusion de l'Agence française de sécurité sanitaire des aliments (Afssa) et de l'Agence française de sécurité sanitaire de l'environnement et du travail (Afsset). Son champ de compétences couvre l'ensemble des expositions (particules, ondes, inhalation, ingestion...) auxquelles un individu peut être sujet, volontairement ou non, qu'il s'agisse d'expositions liées au travail, aux transports, aux loisirs, ou à l'alimentation.

### Garantir la crédibilité de l'expertise

Le sérieux du travail d'évaluation des risques est parfois mis en doute ; le manque de transparence, les conflits d'intérêt avec la sphère économique ou politique peuvent notamment être mis en cause pour contester la validité des travaux. Pour ces raisons, l'Anses a mis en place des procédures sophistiquées permettant de garantir la crédibilité de l'expertise, en assurant son caractère collectif et pluridisciplinaire. Elle évalue ainsi de manière transverse les risques et les bénéfices sanitaires en intégrant l'apport des sciences humaines et sociales, transmet ses avis et recommandations aux pouvoirs publics et rend systématiquement ses travaux publics. L'agence s'appuie sur un réseau de onze laboratoires de référence et de recherche, reconnus au niveau international. Elle compte près de 1400 agents et mobilise environ 800 experts extérieurs *via* ses collectifs d'experts. L'Anses s'appuie également sur un conseil scientifique, garant de la qualité et de l'indépendance de son expertise.

### Une implication de l'ensemble des parties prenantes

Partant du principe que « la vérité de la science imposée » est un modèle qui ne fonctionne pas, l'Anses a mis en place des lieux de dialogue en amont et en aval de l'expertise scientifique. Les différentes parties prenantes sont par exemple impliquées au sein du conseil d'administration de l'Anses, qui comporte cinq collèges : pouvoirs publics, partenaires sociaux, organisations professionnelles, ONG et mouvements associatifs, élus, auxquels s'ajoutent des personnalités qualifiées et les représentants du personnel de l'agence. Le conseil d'administration est épaulé par des comités d'orientation thématiques ouverts à des personnalités extérieures très impliquées ou emblématiques de tendances de la société civile. Ces comités contribuent à l'orientation du programme de travail de l'Anses et veillent à l'emploi des ressources affectées à chacune de ses thématiques. L'Anses organise enfin des échanges réguliers avec les parties prenantes (pouvoirs publics, professionnels, organisations syndicales, associations de consommateurs, ONG environnementales, associations de victimes d'accidents du travail, élus, personnalités qualifiées...) deux à trois fois par an afin de leur présenter l'avancée de son travail sur des thématiques données (l'eau, les pesticides, les plastiques, etc.).

**Une séparation claire entre l'évaluation scientifique des risques, le débat public et la décision politique**

Comme l'Afssa et l'Afsset, l'Anses s'est construite sur un principe fondamental de séparation entre l'évaluation des risques, indépendante, et leur gestion, assurée par l'État. Dans ce cadre, elle se limite à un travail d'explicitation de ce que la science est capable de dire ou des zones d'incertitudes qui demeurent. C'est ensuite aux pouvoirs publics que revient la prise de décision. Les travaux de l'Anses sont ainsi fréquemment utilisés comme base pour justifier tel projet de loi ou réglementation. Une difficulté réside dans la capacité à communiquer des informations scientifiquement rigoureuses sur des sujets complexes, mais qui restent en même temps compréhensibles pour un public non-expert. L'agence a également pour mission de contribuer et de nourrir le débat public par l'apport de connaissances scientifiques de référence, mais ce n'est pas à elle de l'animer[40].

impliqués sont à la fois des figures importantes de la contestation et des producteurs de connaissances scientifiques. C'est le cas des organisations cherchant à collecter des données sur les radiations (CRIIRAD[41]) ou sur les organismes génétiquement modifiés (CRIIGEN). D'autres savent se constituer en associations revendiquant auprès des instances gouvernementales des niveaux de protection environnementale plus élevés, voire adoptant une critique radicale du développement scientifique[42].

Ces groupes jouent un rôle important dans le débat scientifique, dans le débat démocratique ou dans les deux à la fois, qu'ils prônent l'usage d'une technologie dont ils espèrent tirer avantage ou qu'ils souhaitent l'interdire par crainte de risques potentiels. La réponse à ces demandes s'est traduite par des évolutions réglementaires inscrivant dans le droit des modalités de diffusion de l'information technique, de participation publique à la décision, mais aussi à la conduite des projets industriels. Le droit français, suivant en cela des évolutions plus générales, rend aujourd'hui obligatoire la participation de l'entreprise à un ensemble de dispositifs de concertation, notamment la procédure de débat de la Commission nationale du débat public (CNDP) (*cf.* Encadré 8). Cette multiplication de dispositifs de dialogue est censée permettre la participation de nombreux acteurs aux décisions techniques.

D'autres dispositifs, comme les Commissions locales d'information (CLI) mises en place à proximité des installations nucléaires, ont permis de réels progrès dans le dialogue avec les riverains et l'acceptation des installations.

40 - Les scientifiques et experts sont ainsi simples contributeurs du débat, mais les organisateurs peuvent donner plus de poids que n'en accorderaient spontanément certains scientifiques et spécialistes aux préoccupations du public, quand bien même certaines seraient considérées comme « irrationnelles ».

41- Commission de recherche et d'information indépendantes sur la radioactivité.

42 - La mobilisation contre les nanotechnologies en France en est un bon exemple.

On peut également mentionner le Nanoforum, organisé au CNAM en 2007 avec le soutien du ministère de la Santé, qui a constitué pendant plus d'un an un lieu d'échanges et de débats consacrés aux questions soulevées par les nanotechnologies[43]. Lors de réunions ayant permis de rassembler industriels, fonctionnaires, experts et organisations de la société civile, les instruments à mettre en place pour traiter les risques éventuels des nanomatériaux ont été discutés. Les moyens de réaliser une évaluation risque-bénéfice ou encore d'introduire un étiquetage ont été examinés. En organisant des rencontres, dont l'objectif n'était pas de produire des recommandations mais de faciliter une prise de conscience partagée des incertitudes relatives aux nanotechnologies, le Nanoforum a contribué à bâtir les positions françaises sur les nanotechnologies, aujourd'hui exprimées dans les instances réglementaires européennes et dans les organisations de standardisation. Le Nanoforum est une initiative ciblée, à échelle relativement réduite, dont la réplication demeure hasardeuse. Des tentatives sur la biologie de synthèse ont par exemple fait l'objet de fortes contestations

## Encadré 8 - LA COMMISSION NATIONALE DU DÉBAT PUBLIC

Depuis la loi Barnier de 1995, la Commission nationale du débat public (CNDP) est en charge de la procédure de débat public définie dans le Code de l'environnement. En pratique, les projets industriels dont le montant d'investissement dépasse un certain seuil doivent faire l'objet d'une saisine de la CNDP, qui peut alors organiser un débat public ouvert à toutes les parties intéressées. Depuis 2002, la CNDP peut également être saisie par le ministère de l'Environnement pour organiser des « débats d'option générale ». Ceux-ci ont été beaucoup moins nombreux. Le dernier d'entre eux, consacré aux nanotechnologies, a fait l'objet d'une contestation très importante ayant conduit à annuler certaines réunions.

L'organisation typique d'un débat par la CNDP est fondée sur une série de réunions publiques durant lesquelles s'expriment des experts et des acteurs impliqués dans les projets discutés. Les débats donnent lieu à des contributions volontaires sous la forme de « cahiers d'acteurs », dans lesquels les parties prenantes peuvent présenter leur point de vue.

La CNDP a profondément redéfini les modes de travail d'entreprises comme RFF ou RTE, dont la plupart des projets doivent aujourd'hui comprendre une phase de débat public. Il constitue, selon l'expression des politistes l'ayant étudié, un cas de « démocratie participative à la française », qui articule de façon originale les missions d'une autorité administrative indépendante (la CNDP en est une depuis 2002) et l'intégration d'une procédure de débat dans la conduite des projets industriels.

*Source: Revel M.* et al., *2006.*

43 - Dab W. *et al.*, 2009 ; Joly P-B. *et al.*, 2011.

### Encadré 9 - UNE PÉDAGOGIE RÉCIPROQUE

Longtemps les dispositifs de débat ont été conçus comme des moyens d'instruire un public réputé ignorant, afin qu'il comprenne le caractère judicieux voire nécessaire des choix techniques promus par les décideurs. Ceux-ci pensaient de bonne foi qu'une meilleure diffusion de la culture scientifique et technique aurait raison des réactions de méfiance jugées alors irrationnelles face aux bienfaits attendus de certaines technologies[44].

On sait aujourd'hui que, s'il est bien organisé, un débat permet aussi aux décideurs publics et aux producteurs de science et de technologie de mieux comprendre les réticences parfois très légitimes et très étayées de parties prenantes dont certaines sont très éduquées et informées.

lors de réunions publiques. Il permet néanmoins d'envisager ce que pourrait être une structure permanente d'échange, non liée à un ministère, entre l'Administration et les organisations concernées par le développement industriel.

À une échelle plus globale, le Grenelle de l'environnement s'est appuyé sur une méthode de concertation fondée sur cinq « collèges » (élus, industriels, ONG, experts, Administration).

## 4. Le bilan mitigé de ces dispositifs de concertation et d'expertise collective

On le voit, de nombreuses initiatives ont été prises pour associer les parties prenantes aux débats et pour faire travailler ensemble les experts de différents domaines, afin d'établir ce que l'on sait et ce que l'on ignore. Si elles ne participent pas toujours à créer le consensus autour d'une question, elles ont au moins l'intérêt d'éviter certaines crispations ou réactions de repli dont pourraient profiter certains groupes d'activistes. Malgré tout, ces outils restent encore lacunaires et ne suffisent pas, dans bien des cas, à construire la confiance ni à faciliter l'acceptation des décisions.

### A. Des débats contestés ou dont les conclusions ne sont pas toujours suivies d'effet

Il est difficile d'anticiper les mobilisations de différents publics sur un sujet. Même les dispositifs de dialogue les plus ouverts, tentant de prendre en considération toutes les approches, peuvent être contestés. Certains acteurs mettent en cause la légitimité

44 - Le sociologue Brian Wynne qualifie de « modèle du déficit » le fait d'expliquer les oppositions à l'innovation par un déficit de connaissances.

même du dialogue ou récusent *a priori* certains de leurs interlocuteurs.

Deux récents débats organisés par la Commission nationale du débat public l'ont mis en évidence. Lors du débat national sur les nanotechnologies en 2009-2010, plusieurs réunions publiques ont été interrompues par des groupes s'opposant non seulement aux nanotechnologies mais aussi au débat lui-même. Le débat public organisé en 2013 au sujet du projet Cigéo d'enfouissement des déchets nucléaires a donné lieu, lui aussi, à d'importantes contestations. Dans ces deux cas, une partie de l'opposition a été le fait d'activistes remettant en cause le principe du débat public, voire dénonçant celui-ci comme un leurre ayant pour objet de faire accepter des décisions qui auraient été prises avant même le début de la concertation[45].

De même, malgré un dispositif de concertation avec les riverains assez exemplaire, un essai en champ d'OGM de l'Inra de Strasbourg a-t-il été fauché, au grand désespoir des scientifiques qui avaient cherché à inclure parties prenantes et riverains dans la programmation des projets de recherche.

Il n'existe pas encore, en France, d'arène de discussion pluraliste incontestable. Les groupes aux positions extrêmes qui refusent le débat peuvent non seulement obtenir une audience large et inattendue, mais même impacter durablement l'évolution d'un sujet public.

Second problème : ceux qui s'impliquent de bonne foi dans le débat peuvent aussi être découragés lorsqu'ils constatent ensuite que le législateur n'a fait aucun cas de leurs travaux. C'est ce qui s'est passé par exemple à l'issue de la première conférence de citoyens sur les OGM, suivie de peu par une décision du Conseil d'État suspendant la commercialisation du maïs transgénique, alors que les propositions qui émergeaient de la conférence étaient beaucoup moins restrictives, même si elles proposaient des conditions de mise en œuvre difficiles à satisfaire[46].

S'il est normal que l'autorité publique de décision ne soit pas tenue par des délibérations citoyennes (qui n'incluent pas toujours toutes les parties prenantes pertinentes ou n'abordent pas l'ensemble des aspects de la question en débat), il est démotivant pour ceux qui s'investissent dans les discussions de constater que celles-ci n'ont absolument pas été prises en compte par les instances décisionnaires.

Cette situation frustrante résulte parfois d'une mauvaise articulation des calendriers des instances concernées par un problème (le Parlement, diverses administrations, la justice, les diverses parties prenantes, l'agenda des négociations internationales, des demandes d'autorisation

45 - Le débat public au sujet du projet Cigéo a finalement donné lieu à une conférence de citoyens qui s'est déroulée dans une atmosphère relativement pacifiée.

46 - En revanche aujourd'hui, près de 70 % de ses recommandations ont été suivies d'effets, sauf quelques points qui continuent de poser problème (responsabilité, assurance, brevet, distribution des coûts).

déposées, etc.). De même, alors que les agences sanitaires s'efforcent de mettre en place des mécanismes de dialogue avec la société civile, l'articulation de ces initiatives avec les contraintes de la production de l'expertise objective peut se révéler difficile[47].

Ces difficultés viennent sans doute en partie de nos traditions politiques. Les institutions françaises, pas plus que la société civile, n'ont hérité d'une pratique de la concertation. Dans un pays comme le Danemark, la production du consensus est centrale dans la pratique démocratique[48]. En Allemagne, la négociation entre parties prenantes est incontournable[49]. Il n'est sans doute pas fortuit que l'histoire du principe de précaution plonge en partie ses racines dans cette région de l'Europe.

## B. La manipulation de l'opinion

L'incertitude inhérente à la pratique scientifique est particulièrement importante sur des sujets complexes comme le climat, la santé ou l'environnement. Dans ces domaines, il est aisé d'identifier une étude ou un résultat allant à l'encontre du consensus scientifique. Cette situation peut donner lieu à l'intervention de « marchands de doute », exploitant les principes mêmes de la fabrication de l'expertise au service de tel ou tel intérêt (*cf.* voir Encadré 10). La prolifération de ces « marchands de doute » peut ainsi être vue comme un symptôme du manque de dialogue entre les industriels, les pouvoirs publics et la population et du manque de confiance dans le bon fonctionnement politique et scientifique des dispositifs d'expertise collective mis en place.

Par ailleurs, dans les domaines demandant une forte culture technique, il est souvent difficile de trouver un expert indépendant. On ne devient pas du jour au lendemain spécialiste de questions nucléaires ou spatiales, des nanotechnologies ou de santé publique. Les experts disponibles ont donc peu ou prou travaillé en lien avec les entreprises de ces secteurs. Dès lors, il est toujours facile à leurs contradicteurs de mettre en avant de possibles conflits d'intérêt, ou à tout le moins un biais cognitif. Cette mise en cause de la légitimité individuelle des experts laisse malheureusement le champ ouvert à des « contre-experts », plus ou moins légitimes et scrupuleux, d'autant plus séduisants sur un plan médiatique qu'ils disent s'élever contre le consensus dominant[50].

47 - Cette tension a été analysée par des sociologues qui se sont penchés sur le fonctionnement concret des agences sanitaires françaises (voir Benamouzig D., Besançon J., 2005.)

48 - Voir Horst M., Irwin A., 2010.

49 - Pour un exemple sur les cas relatifs aux biotechnologies, voir les pages consacrées à l'Allemagne dans Jasanoff S., 2005.

50 - Marie-Angèle Hermitte fait remarquer qu'il arrive que certains scientifiques qui apparaissent, un temps, comme peu légitimes ou peu scrupuleux deviennent les artisans du nouveau consensus scientifique.

## Encadré 10 - LES « MARCHANDS DE DOUTE »

Certains groupes constitués sont passés maîtres dans l'art d'entretenir le doute scientifique, par exemple sur la nocivité du tabac, afin de retarder l'établissement de mesures contraignantes. Robert Proctor parle d'agnotologie pour désigner les techniques de production de l'ignorance. On peut les repérer dans de nombreux domaines.

Dans le cas des marées vertes, par exemple, plusieurs techniques ont été utilisées pour mettre en doute la relation entre les activités agricoles et l'occurrence du problème : mise en doute de la réalité du phénomène, insistance sur l'exagération de sa gravité, mise en avant des « contradictions » et des « limites » des modèles...

Face à l'entretien délibéré du doute, qui s'appuie souvent sur une interprétation dévoyée de la pratique scientifique consistant à expliciter toutes les limites des modèles et des mesures, la référence à la solidité des résultats peut devenir inopérante[51], notamment dans les domaines comme le climat où les preuves sont constituées à la suite d'un grand nombre d'opérations hétérogènes. Il est alors nécessaire d'inventer des modes de communication permettant de représenter la complexité de la démarche scientifique et des institutions comme le GIEC sur lesquelles elle doit nécessairement s'appuyer.

*Sources : Foucart S., 2012 ; Latour B., 2012 ; Moatti A., 2013 ; Oreskes N., Conway E. M., 2012 ; Proctor R. N., Schiebinger L. L., 2008.*

### C. Le rôle ambigu des médias

Soucieux de ne pas être manipulés, désireux d'apparaître objectifs mais pas toujours très au fait des controverses scientifiques et technologiques, les médias ont parfois un rôle ambigu. Ils peuvent par exemple servir malgré eux la cause des marchands de doute en exposant sur le même plan des thèses étayées par de nombreux travaux et les arguments non scientifiques de rhéteurs habiles à manipuler l'opinion. Ils pourront exposer ainsi comme « symétriques » des thèses s'appuyant en réalité sur des types de justification très différents : un évolutionniste s'appuyant sur un siècle et demi de résultats scientifiques, par exemple, et un créationniste guidé par sa lecture littérale d'un texte sacré.

Les journalistes, aussi bien dans la conduite de l'enquête que dans l'écriture, sont donc confrontés à la difficulté de prendre en compte des signaux faibles et des lanceurs d'alerte, tout en visant une présentation objective et pédagogique de l'état des connaissances et des zones d'ignorance.

51 - Lorsqu'un scientifique dit qu'une observation lui permet de confirmer une hypothèse à 99 % (c'est-à-dire qu'il y a moins de 1 % de chances qu'elle soit fausse), un commentateur partial dira que le scientifique admet « donc » qu'il n'a pas de certitude et suggérera que l'hypothèse est « peut-être vraie, peut-être fausse », laissant entendre que les deux sont d'une probabilité comparable ou que chacun peut croire ce qui l'arrange.

## 5. Une action publique désordonnée, une réglementation souvent inadaptée

Beaucoup a été fait pour améliorer la délibération des experts et l'inclusion des diverses parties prenantes, même s'il faudra encore longtemps pour installer la confiance et limiter la capacité de ceux qui perturbent ces procédures à bloquer toute concertation. En revanche, en aval de l'expertise, beaucoup reste à faire, tant au niveau de la prise de décision publique que du suivi et du contrôle des décisions prises.

Les responsables politiques sont souvent amenés à décider en situation d'urgence. Parfois l'indignation suscitée par un scandale ou un accident les pousse à apporter une réponse spectaculaire. Ils peuvent par exemple être tentés de proposer une nouvelle mesure législative alors que les lois existantes constituaient déjà un cadre adapté et que leur bonne application aurait permis de prévenir l'accident.

Souvent aussi, les décisions publiques sur un sujet donné impliquent de nombreux services, aux missions diverses, qui n'ont chacun qu'une vision partielle des problèmes. L'usage agricole des pesticides, par exemple, est traité par les services des ministères chargés de l'Agriculture, de l'Industrie, de l'Environnement, de la Santé, de la Consommation et du Travail, chacun étant porteur d'une préoccupation spécifique. Si l'absence de concertation produit des contraintes incohérentes (*cf.* Encadré 11), la concertation en urgence, par exemple dans le cadre d'une réunion interministérielle déclenchée par une situation de crise, tend à accorder un poids démesuré aux aspects à l'origine de la crise (*cf.* Encadré 12). C'est au contraire la concertation « à froid » qu'il faudrait organiser de manière plus systématique, en luttant contre la propension au fonctionnement en silo de toutes les organisations.

Les exemples décrits dans les encadrés illustrent comment la légitimité démocratique et la valeur scientifique des décisions publiques face à une incertitude peuvent être facilement contestées. Ils montrent également que la décision publique peut aussi bien être soudaine que reportée indéfiniment.

William Dab et Danielle Salomon insistent ainsi sur l'incapacité de l'État à mettre en place des dispositifs conduisant à prendre une décision mesurée en situation d'incertitude et à susciter la confiance du grand public comme des acteurs industriels[52]. Au contraire, son fonctionnement « fabrique » de la défiance. Le législateur, le régulateur et les fonctionnaires qui font appliquer les règlements mettent en avant le principe de précaution sans mettre en place les dispositifs susceptibles de traiter les dossiers techniques dans lesquels l'incertitude ou les controverses sont présentes. Le cas de

52 - Dab W., Salomon D., 2013.

## Encadré 11 - L'INSTALLATION D'UN NOUVEAU SITE INDUSTRIEL OU LE PARCOURS DU COMBATTANT

Des représentants d'une entreprise d'ameublement (la SALM) ont décrit au cours d'une réunion publique en mars 2014 les difficultés qu'ils rencontraient pour obtenir les permis nécessaires à l'implantation d'un nouveau site industriel. Deux ans et demi après leur décision d'investissement, ils ne savent toujours pas quand il leur sera possible d'obtenir un permis de construire. D'une part, les différentes directions départementales imposent des obligations par étapes successives quand les pouvoirs publics allemands, malgré leurs contraintes réglementaires, parviennent rapidement à des résultats. D'autre part, ces directions se contredisent parfois, sans communiquer entre elles. Troisièmement, certaines des démarches peuvent paraître d'un intérêt douteux ou inutilement longues au regard de l'impact en valeur et en emplois de l'investissement envisagé (fouilles archéologiques obligatoires à la charge de l'entreprise, étude d'impact pour certaines espèces protégées…). Enfin, la procédure comporte son lot d'aberrations pures et simples qu'aucun interlocuteur n'assume de corriger (par exemple un bug dans la modélisation du plan de prévention du risque inondation).

Pour les dirigeants de l'entreprise, le problème n'est pas principalement une affaire de protection de l'environnement. L'entreprise n'est pas particulièrement polluante et sa dirigeante est volontariste en matière de développement durable. Ce n'est pas non plus le coût des éventuelles mesures de précaution qui est en cause. C'est en réalité le fait qu'aucune des délégations de l'État ne souhaite assumer un risque en signant un document que ses homologues n'auraient pas signé d'abord. Pour l'entreprise, le manque à gagner se compte donc en nouveaux produits ni fabriqués ni vendus.

En 2005-2006, dans le cadre d'une démarche concertée entre les industriels du centre Alsace, et grâce au soutien d'Adrien Zeller, président influent du Conseil régional, les délais d'instruction avaient pu passer de deux années à moins de douze mois pour une demande d'autorisation d'exploitation (six mois à l'époque en Allemagne). Depuis la situation s'est de nouveau dégradée. Les rencontres avec les plus hautes autorités de l'État en vue d'une simplification administrative sont sans effet à ce jour.

## Encadré 12 - UN PROCESSUS DE DÉCISION ERRATIQUE

L'interdiction des vols commerciaux dans le ciel européen, suite à l'éruption du volcan islandais Eyjafjallajokül en avril 2010, a été interprétée par les compagnies aériennes comme une précaution excessive, davantage liée à des craintes mutuellement renforcées au sein des autorités de contrôle des vols des pays européens qu'à un risque avéré mesuré au cours de vols tests. Les mesures prises par les différents responsables politiques européens ont induit un coût économique réparti entre les compagnies aériennes, les aéroports et les passagers bloqués. Mais si une décision moins « précautionneuse » avait conduit à un incident, on se serait interrogé sur la responsabilité des autorités ayant autorisé la reprise des vols.

L'interdiction de la fracturation hydraulique en France par la loi Jacob de 2011 constitue un second exemple de positionnement fluctuant des pouvoirs publics. Plusieurs préfets ont délivré des permis d'exploitation, sans que ces initiatives ne soient discutées publiquement. La mobilisation sociale qui s'en est suivie n'avait pas été anticipée par les responsables publics. Dans un second temps, dans une période pré-électorale, une loi d'interdiction a été adoptée à la suite d'un débat minimal au Parlement afin de prendre en compte les préoccupations des populations concernées. Issue d'un tel processus de décision, l'interdiction légale de la fracturation hydraulique a pu apparaître alors comme une mesure « politicienne », au sens le plus péjoratif du terme, liée seulement à des questions de stratégie électorale.

la politique sanitaire est significatif : du fait de la faible lisibilité de l'attribution de l'instruction des plaintes et inquiétudes locales (par exemple sur un dossier comme celui des antennes relais), l'affrontement peut apparaître comme le moyen le plus efficace de faire entendre des revendications.

En outre, la gouvernance médiocre du processus de décision en situation d'incertitude produit un foisonnement de contraintes réglementaires dont l'accumulation crée un environnement complexe pour les acteurs économiques[53]. De très nombreux textes décrivent avec de nombreux exemples à l'appui les résultats d'une prolifération incontrôlée de normes, chacune édictée avec les meilleures intentions[54]. Outre la gêne qu'elle occasionne pour les industriels, elle conduit à entretenir la défiance des citoyens envers des institutions qui ne semblent pas capables d'assurer efficacement leur protection.

L'absence de dispositifs appropriés pour assurer le fonctionnement à la fois efficace et politiquement légitime du principe de précaution a été relevée en 2010 par le Comité de la prévention et de la précaution. Dans un rapport consacré à la décision en situation d'incertitude, le Comité recommande l'élaboration de « processus d'élaboration de la décision publique applicables aux situations d'incertitude »[55].

53 - Voir Guérémy S., Monerau M., à paraître, septembre 2014.

54 - Eliakim P., *op. cit.*

55 - Comité de la prévention et de la précaution, 2010. Ce constat est repris dans un rapport de l'Institut national des hautes études de la sécurité et de la justice (« Principe de précaution: volontarisme ou paralysie ? », mars 2013).

## 6. Abus ou sous-équipement de la précaution ?

Comme le devoir de précaution est souvent évoqué pour justifier des règlements nécessaires mais pas toujours bien conçus, beaucoup d'industriels y voient l'origine des contraintes excessives qui pèsent sur eux. Ils réclament alors que l'on donne un peu moins de poids à la précaution.

Est-on donc allé trop loin dans l'exigence de précaution, au détriment de la bonne santé de notre économie, en prenant des mesures excessivement coûteuses pour se protéger de menaces extrêmement hypothétiques ? Le retour sur différents dossiers techniques invite à la nuance (*cf.* Encadré 13).

L'examen de nombreuses situations conduit à penser que les réglementations

### Encadré 13 - UN ABUS DE LA PRÉCAUTION ?

Dans son étude récente *Late lessons from early warnings: science, precaution, innovation* (2013), l'Agence européenne de l'environnement analyse les « faux positifs », c'est-à-dire les cas où des précautions ont été mises en œuvre pour parer des menaces supposées qui se sont avérées inexistantes[56].

Tout d'abord, sur les 88 cas potentiels de « sur-précaution » identifiés par des représentants de l'industrie, des administrations, des chercheurs ou des think tanks, seuls quatre se sont avérés être des faux positifs. Dans environ un tiers des autres cas (33), l'analyse de la littérature publiée depuis a montré qu'il n'y avait toujours pas de certitude quant à la réalisation d'un risque (*the jury is still out*). Dans un autre tiers (28) le risque envisagé a été confirmé depuis, même si son extension a pu être mieux caractérisée (pluies acides, par exemple). Dans les autres cas, la décision consistait à arbitrer entre deux risques réels (un produit supposé toxique et une alternative présentant d'autres inconvénients), ou bien l'alerte n'a pas conduit à des décisions réglementaires (les inquiétudes sur des effets secondaires de la vaccination contre la rougeole, les oreillons et la rubéole au Royaume-Uni), ou encore le risque était défini de manière trop étroite (ainsi le tabagisme passif ne semble pas favoriser le cancer du sein comme on a pu le croire, mais favorise le cancer du poumon, il y a donc de bonnes raisons de vouloir réduire ce risque).

Quatre cas se sont révélés être des faux positifs, c'est-à-dire qu'il semble – avec un bon niveau de confiance (supérieur à 67 %) – que la crainte initiale était infondée mais qu'une action a tout de même été entreprise :

- Le plus coûteux d'entre eux (environ 220 millions de dollars) a été la vaccination systématique décidée par le président Gerald Ford contre la grippe porcine en 1977 :

56 - Hansen S. F., Tickner J. A., 2013.

contrairement aux prévisions des experts, l'épidémie s'est avérée bénigne et la vaccination a provoqué des cas de syndromes de Guillain-Barré.

- La prévision d'une épidémie de maladie du maïs en 1971 a conduit à une surproduction, puisque la récolte a été moins affectée que prévue.
- L'obligation d'étiqueter les produits contenant de la saccharine aux États-Unis prise en 1977 a été annulée quelques années plus tard.
- Enfin, la *Food and Drug Administration* a tardé à autoriser l'irradiation de denrées alimentaires permettant pourtant une meilleure conservation et l'élimination des agents pathogènes.

Globalement, le coût cumulé des mesures rétrospectivement inutiles reste néanmoins très modeste par rapport aux coûts des dommages tout à fait réels résultant de l'inaction dans les très nombreux cas où des mesures de précaution auraient pu les éviter.

S'il faut rechercher une « action mesurée » lors des situations d'incertitudes, l'équilibre actuel ne se caractérise pas – bien au contraire – par un excès de précaution.

Dans le cas particulier du changement climatique, les rapports du GIEC et le rapport de Sir Nicholas Stern concluent nettement à un coût actualisé de l'inaction et de ses conséquences probables très supérieur au coût des actions qui pourraient être prises pour réduire les émissions des gaz à effet de serre.

plus contraignantes que nécessaires pour garantir un niveau de sécurité satisfaisant viennent surtout de mauvaises procédures, du manque d'incitation de l'Administration à prendre en compte les contraintes économiques des entreprises et des particuliers et du manque de souplesse dans la mise en œuvre des règlements.

Les frustrations des acteurs économiques viennent donc beaucoup moins d'un recours abusif au principe de précaution que d'une mauvaise mise en œuvre de celui-ci.

## Conclusion : la mise en place laborieuse d'un « régime de précaution »

Malgré des progrès notables dans l'organisation de l'expertise et l'association des parties prenantes, l'État n'a pas encore su mettre en place une gouvernance satisfaisante de la sécurité sanitaire et environnementale. La mise en œuvre d'un régime de précaution permettant de gérer les risques incertains repose sur des transformations radicales des modalités de dialogue et de décision publique. Les institutions doivent acquérir leur légitimité vis-à-vis des consommateurs et des citoyens, en gérant les alertes avec efficacité et en exerçant leur vigilance sur les nouveaux signaux. Elles doivent dans le même temps se crédibiliser auprès des entreprises, en réglementant à bon escient, sans créer plus de contraintes que nécessaire, et en révisant les normes pour s'assurer de leur cohérence, de leur efficacité et de leur adéquation à l'évolution des connaissances.

La clé d'un régime de précaution efficace est la construction de relations confiantes entre administrations, industriels et société civile, autant d'acteurs dont la coordination est cruciale pour assurer le développement industriel.

# CHAPITRE 4

# L'industrie en régime de précaution

## 1. La gestion du risque dans l'industrie

L'industrie cherche depuis longtemps à maîtriser les risques liés à son activité et à ses produits. Un risque, selon Ulrich Beck déjà cité, est « un événement non encore survenu qui motive l'action » (accident du travail, explosion d'un réacteur chimique, accident aérien, intoxication d'un consommateur…). La gestion des risques mêle prévention et précaution et consiste à prendre au meilleur coût les mesures qui permettront de réduire le risque.

Beaucoup d'entreprises font d'une bonne gestion du risque et de performances supérieures aux standards de la profession un élément de leur stratégie, capitalisant vis-à-vis de leurs clients et de leurs employés sur leur bonne réputation.

Citons les deux exemples de la chimie et du transport aérien.

La forte présence du risque dans les industries de la chimie oblige les entreprises à démontrer leur capacité à le maîtriser. Pour obtenir la « *license to operate* », une entreprise doit pouvoir convaincre qu'elle est en mesure d'évaluer et de contrôler les risques inhérents à son activité. Cette approche, ainsi que l'exigence de sécurité au travail qui en découle, n'est pas neuve, et a été prise en charge par l'industrie longtemps avant la formalisation du principe de précaution. La gestion des conséquences des activités à risque au-delà de l'entreprise est elle aussi mise en œuvre dès les premiers développements de l'industrie chimique[57].

À l'heure actuelle, des entreprises du domaine adoptent des pratiques qui relèvent du régime de précaution.

Après avoir fait face à des critiques de ses actionnaires sur sa gestion du risque environnemental dans les années 2003-2004, le groupe Rhodia, aujourd'hui Solvay, a par exemple fait de son engagement pour

57 - Voir Fressoz J-B., 2013.

la responsabilité des activités industrielles un choix stratégique. La « responsabilité » recouvre alors bien plus que les exigences réglementaires : elle fait référence à l'ensemble des démarches par lesquelles l'entreprise gère les externalités négatives de ses activités, en interne et à l'extérieur.

Ceci se traduit par une implication dans la mise en place d'une « gestion globale du produit » et de ses impacts (*product stewardship*), qui nécessite un travail de concertation de longue haleine avec les parties prenantes. Pour la gestion de la sûreté industrielle, Solvay considère les événements problématiques moins comme des erreurs dont il faudrait établir une responsabilité individuelle que comme des opportunités de progrès : chaque accident dans l'entreprise fait l'objet d'un arbre des causes et d'une réflexion approfondie.

L'entreprise recourt au maximum aux techniques de *safety by design*, développées au départ pour les activités de construction, qui intègrent dès la conception des produits et des procédures des considérations relatives aux risques potentiels[58].

Solvay considère que la gestion du risque et ses performances économiques sont intimement liées, la dégradation des performances d'un site en matière de sécurité étant un indicateur d'un problème de performance à moyen terme. Cet alignement des stratégies économique et de responsabilité signifie qu'*in fine*, l'entreprise n'a pas à faire de choix cornéliens à répétition entre la gestion du risque et le coût économique, au moins dans le domaine de la sûreté des processus de production.

Jean-Pierre Clamadieu, président du comité exécutif de Solvay, rappelle que cette importance donnée à la culture de la responsabilité est renforcée par le fait qu'une part importante du capital du groupe est toujours contrôlée par la famille de son fondateur. Ces actionnaires sont ainsi fortement attachés à défendre la réputation du groupe qui porte leur nom.

Le secteur aérien est profondément dépendant des impératifs de sécurité, qui sont une composante essentielle de la valeur des entreprises et contribuent à leur compétitivité[59].

Bien que ce moyen de transport se soit aujourd'hui généralisé, de nombreux passagers ressentent en effet toujours une appréhension au moment d'embarquer dans un avion, car le moindre défaut de l'appareil peut entraîner des effets catastrophiques. Ces problèmes ne peuvent être surmontés que par l'élévation continue des exigences en termes de sécurité.

À cet égard, l'organisation des constructeurs d'avions, des aéroports, du contrôle aérien et des compagnies de transport est faite pour anticiper les problèmes de sûreté. Le secteur aérien met en œuvre un ensemble de démarches de conception des

58 - Kelty C., 2009.

59 - Voir *a contrario* la « liste noire » des compagnies aériennes réputées laxistes ou dangereuses.

produits et procédures fondées sur une exigence de performance en matière de sûreté.

À l'instar de l'industrie chimique, des entreprises comme Air France ont également cherché à développer une *no blame culture*. Celle-ci permet de faire remonter certains dysfonctionnements en garantissant une immunité aux personnels qui font état, au travers d'un rapport, d'une erreur qu'ils ont commise mais qui n'a pas eu d'incidence. En identifiant ainsi en amont les sources d'erreurs possibles, l'entreprise est capable de mettre en place des procédures permettant de les éviter à l'avenir, et de prévenir des conséquences qu'elles auraient pu avoir dans une situation différente.

## 2. L'industrie victime des errements des institutions

L'industrie subit directement les conséquences des difficultés des pouvoirs publics à organiser le régime de précaution et du comportement opportuniste de certaines entreprises. On a vu que ces difficultés se manifestaient par une réglementation tantôt excessive, tantôt lacunaire.

L'industrie pâtit donc à la fois des excès de certaines réglementations existantes, de leur instabilité et du climat de méfiance causé par leur insuffisance ou par l'absence de suivi. Les dommages encore trop nombreux permis par ces lacunes (étiquetage alimentaire trompeur, implants biologiques non conformes, maintien sur le marché d'un médicament dangereux, etc.) suscitent des crises fréquentes et une pression pour plus de réglementation et de contrôles[60].

Ne pouvant attendre que la confiance envers les institutions chargées de garantir la sécurité ait atteint un niveau suffisant, les entreprises prennent elles-mêmes des mesures pour que les consommateurs et les autres parties prenantes soient convaincus de leur comportement responsable.

## 3. La construction de la confiance avec le public

Pour construire le climat de confiance nécessaire à leur activité, certaines entreprises font preuve d'une vigilance accrue sur les sujets controversés, sur les évolutions réglementaires possibles, sur les attentes des parties prenantes même éloignées.

La communication ne peut alors se limiter à des actions pédagogiques ciblées sur les technologies mises en œuvre. Elle inclut l'expérimentation de formes de dialogue sur les sujets sur lesquels subsistent des incertitudes.

---

60 - Marie-Angèle Hermitte fait observer que l'industrie n'est pas seulement victime des réglementations, mais aussi des agissements de certains entrepreneurs. Si l'État faillit à sa mission lorsqu'il laisse sur le marché un médicament dangereux, cela n'en est pas moins vrai de l'entreprise.

## Encadré 14 - UN EXEMPLE DE DIALOGUE AVEC LE PUBLIC : LA CONFÉRENCE DE CITOYENS MENÉE PAR FIVES

Spécialisé dans l'ingénierie industrielle, Fives est un groupe multinational qui conçoit et réalise des équipements, des lignes de production et des usines pour des entreprises des secteurs de l'aluminium, de l'automobile ou de l'énergie.

À l'occasion de son bicentenaire, le groupe a organisé une conférence de citoyens, afin d'associer le grand public à la réflexion sur l'avenir de l'industrie française, en particulier autour de la question suivante : « À quelles conditions (en termes d'espérance de développement pour vous et votre territoire, mais aussi de garanties pour l'environnement et la population) accepteriez-vous, vous personnellement, qu'un site industriel s'installe près de chez vous ? ».

Ce type de démarche, couramment pratiqué dans les pays scandinaves, constitue un moyen privilégié pour impliquer des parties prenantes dans des processus de prise de décision dont ils sont trop souvent exclus ou trop faiblement informés, alors même qu'ils sont directement impactés par leurs conséquences.

Cette initiative a ainsi permis de réunir et de faire échanger sur le sujet un panel de citoyens, formés pour l'occasion, et un groupe d'experts. Les résultats sont encourageants car ils révèlent que les débats ont permis de faire converger l'ensemble des participants à la fois sur les éléments de contexte (désindustrialisation, importance de l'industrie pour une économie, etc.), les contraintes qui se posent aux industriels en matière d'implantation d'un nouveau site (manque de mobilité de la main d'œuvre, fiscalité inégale selon les territoires, etc.) mais également les exigences qui s'imposent à eux lorsqu'ils décident de la construction d'une usine.

Dans la charte rédigée suite à la conférence de citoyens, il est ainsi rappelé que « l'usine n'est pas qu'un objet implanté à un endroit du territoire, elle entretient aussi des rapports avec la collectivité et doit établir un climat de confiance ». Cela signifie que les industriels doivent agir en faveur d'une meilleure ouverture et d'un effort de communication en direction de la population et des élus locaux pour expliquer leur démarche et s'inscrire dans le territoire avec le moins de nuisances possibles.

Par exemple, BASF a adopté une stratégie volontaire en matière de transparence sur le développement des nanomatériaux. L'entreprise a notamment constitué un groupe de dialogue composé de représentants de diverses parties prenantes, dont des associations de protection de l'environnement et de défense des consommateurs, chargé d'examiner ses pratiques de communication à destination du consommateur.

Ces initiatives sont fondées sur une logique d'échanges continus à mesure que progressent les projets industriels. À cet égard, elles sont particulièrement adaptées au suivi local de projets. En France, les Commissions locales d'information (CLI), pour lesquelles la loi relative à la transparence et à la sécurité en matière nucléaire (2006) a créé un fondement législatif, sont des initiatives reconnues pour assurer un dialogue continu, au niveau local, sur la conduite des installations nucléaires.

Ces exemples montrent que des entreprises industrielles sont engagées dans des dispositifs de dialogue, qui leur permettent de mieux intégrer les exigences de certains publics et parfois d'anticiper les obligations réglementaires. Ce dialogue n'élimine pas tous les conflits, mais il permet d'éviter que des opposants irréductibles ne rallient à leur cause les publics simplement désireux d'être rassurés sur le fait que leurs préoccupations sont entendues et de mieux comprendre les enjeux.

## 4. Un dialogue plus constructif avec les institutions

Certains industriels souhaiteraient que les pouvoirs publics leur laissent la liberté de gérer au mieux des risques qu'ils connaissent beaucoup mieux qu'eux. Ils préfèrent avoir à rendre des comptes au cas où un accident survient malgré toutes leurs mesures de précaution et de prévention que de subir des contrôles intrusifs et des règles trop contraignantes.

Cependant l'État reste l'assureur en dernier ressort et un marché non régulé encourage les comportements opportunistes d'acteurs qui ne seront pas forcément en mesure de réparer ou d'indemniser les dégâts dont ils seraient responsables, par fraude (comme dans les affaires récentes d'implants mammaires non conformes), par dissimulation (comme dans le cas du Mediator) ou par imprudence (comme dans le cas du krach de 2007, où les États ont dû se substituer aux banques insolvables pour éviter la faillite du système financier).

Tout en acceptant la nécessité d'une régulation, les entreprises peuvent s'impliquer dans la construction des normes, afin que les objectifs de sécurité soient atteints de la manière la plus efficace. Les mauvaises régulations résultent souvent d'une mauvaise analyse des décideurs publics, mais celle-ci est parfois causée par une trop grande asymétrie d'information : les entreprises ne donnent pas toutes les données dont elles disposent, craignant que cela puisse réduire leur marge de négociation. La défiance réciproque conduit à des règles du jeu inefficaces.

Une manière d'éviter la surenchère en matière de régulation est de rendre le régime de responsabilité crédible par la souscription d'une assurance. Ainsi, le juste niveau de précaution ne sera pas déterminé par une administration se donnant des marges de sécurité excessives, mais par le fait qu'un assureur solvable puisse garantir la couverture d'un risque moyennant une prime raisonnable. La concurrence entre assureurs compétents permet alors en théorie d'optimiser les efforts consentis par l'industriel pour couvrir le risque, c'est-à-dire la somme des mesures de prudence destinées à rendre le risque improbable et de la prime d'assurance permettant à l'assureur de garantir le risque résiduel.

Ainsi le « rapport des sages » de 2002 sur les conditions de culture des OGM en milieu ouvert prévoyait d'imposer au cultivateur de souscrire une assurance couvrant les risques de diffusion de l'OGM aux cultures voisines situées dans un rayon donné. Le promoteur de la technologie controversée, plutôt que de négocier un niveau de contrainte plus ou moins arbitraire, se trouvait ainsi face à un interlocuteur économiquement rationnel et spécialiste de l'évaluation du risque, en concurrence avec ses pairs[61].

## 5. La précaution comme opportunité, stimulant de l'innovation et facteur de compétitivité

Un comportement de précaution ou de prévention peut être dans l'intérêt de l'industriel. Ainsi, face au phénomène du trou de la couche d'ozone stratosphérique, DuPont a fortement encouragé la signature du protocole de Montréal qui imposait le remplacement rapide des gaz et aérosols contenant des chlorofluorocarbones (CFC), car l'entreprise produisait des fluides frigorigènes capables de remplacer les CFC. La mise en place de ces mesures de précaution représentait donc pour l'entreprise une belle opportunité commerciale.

Plus globalement, la transition écologique crée de nombreuses opportunités de croissance pour des entreprises spécialisées dans le recyclage ou dans l'efficacité énergétique des bâtiments et des procédés industriels.

61 - Il ne semble pas que cette solution ait été mise en œuvre, les réassureurs ayant jugé qu'il était impossible de prendre en charge ces risques, en l'état actuel des connaissances et des incertitudes juridiques.

## A. La différenciation par la confiance

La demande de sécurité des consommateurs est donc une source d'innovation majeure, permettant de développer de nouveaux marchés. Elle peut aussi constituer un avantage compétitif. Les accidents liés à des problèmes de toxicité ou de qualité défectueuse de certains jouets chinois ont permis aux fabricants français soumis à des normes plus exigeantes et à des contrôles plus efficaces de justifier un prix de vente supérieur.

Les industriels maîtrisant mieux que leurs compétiteurs les enjeux de sécurité et de risque ont d'ailleurs intérêt à militer pour des normes sévères qui limiteront la concurrence et leur permettront de valoriser leurs efforts. Ils ont également un avantage à tirer de règles du commerce international prenant en compte divers aspects de l'empreinte environnementale, sociale et sanitaire des produits.

## B. La prise en compte des risques par les analystes et la notation extrafinancière

Lorsque le consommateur n'est pas attentif aux efforts d'une entreprise pour réduire les risques, d'autres incitations peuvent venir de la prise en compte par les analystes financiers des risques que court l'entreprise en cas d'accident ayant un impact sur la santé des consommateurs ou l'environnement et de la pression de la notation extrafinancière.

Ainsi, à la suite de la marée noire en Alaska provoquée par l'accident de l'Exxon Valdez et des évolutions de la législation américaine du transport maritime permettant d'imputer une responsabilité à l'affréteur, les investisseurs ont été amenés à valoriser une meilleure anticipation des risques environnementaux des activités industrielles.

Les préoccupations sur la responsabilité sociale des entreprises ont également conduit des agences de notation à prendre en compte les performances extrafinancières des entreprises. Depuis les années 2000 un marché de l'investissement socialement responsable en croissance permet aux firmes vertueuses de trouver des financements plus facilement.

# Conclusion

Les citoyens et consommateurs attendent des pouvoirs publics qu'ils garantissent leur sécurité, notamment dans les domaines de la santé, des catastrophes naturelles ou technologiques et qu'ils protègent l'environnement. Ils exigent donc que des mesures de prévention adéquates soient mises en œuvre contre les risques avérés, mais aussi que des précautions soient prises même lorsque des incertitudes subsistent sur la réalité et la gravité d'un risque.

Cette forte aspiration de la société s'est traduite dans un certain nombre d'accords internationaux, de directives européennes et de lois nationales et a même donné lieu, en France, à l'inscription du principe de précaution dans la Constitution, sans que cette dernière mesure ait fondamentalement modifié le droit et la jurisprudence.

Les situations caractérisées par la suspicion d'un risque et par une forte incertitude exigent de mettre en place une organisation de l'expertise collective pour cerner au mieux les enjeux et d'associer aux réflexions les multiples parties prenantes dont les approches du sujet et les préoccupations peuvent être très variées.

La bonne organisation d'un « régime de précaution » devrait faciliter des délibérations et des décisions acceptées par le plus grand nombre, conduisant à des mesures efficaces pour assurer une protection satisfaisante contre les risques sans faire peser sur les acteurs des contraintes excessives. La gouvernance et les outils d'un tel régime de précaution sont longs et difficiles à mettre en place, notamment dans la tradition politique et administrative française.

Confrontés au foisonnement des normes et règlementations, les industriels sont parfois tentés de dénoncer un usage excessif du principe de précaution. La présente note montre que ce n'est pas tant le principe lui-même que l'invocation abusive qui en est souvent faite qui est en cause. Il semble plus constructif de prendre acte des aspirations de la société à une sécurité renforcée et d'y répondre en mettant en place des espaces de dialogues qui permettent d'écouter les parties prenantes, de leur montrer que leurs préoccupations sont prises en compte, de prouver aux pouvoirs publics qu'ils n'ont pas besoin de renforcer leurs exigences ou de multiplier les réglementations.

L'exigence de précaution peut alors être un moteur d'innovation[62] et un facteur de différenciation pour les entreprises qui acquièrent une maîtrise supérieure des risques liés à leur activité et à leurs produits.

62 - Une récente proposition de loi constitutionnelle déposée au Sénat le 3 décembre 2013 suggère ainsi « d'exprimer plus clairement que le principe de précaution est aussi un principe d'innovation ». Elle a été adoptée en première lecture le 27 mai 2014.

# Bibliographie

Agence européenne de l'environnement, 2013, *Late lessons from early warnings: science, precaution, innovation.*

Barthe Y., 2006, *Le pouvoir d'indécision. La mise en politique des déchets nucléaires*, Economica.

Barthe Y., 2009, « Les qualités politiques des technologies. Irréversibilité et réversibilité dans la gestion des déchets nucléaires », *Tracés*, (1), 119-137.

Barthe Y., Callon M., Lascoumes P., 2010, « De la décision politique réversible: histoire d'une contribution inattendue de l'industrie nucléaire (française) à l'instauration d'une démocratie dialogique », *Brazilian Journal of Urban Management*, 2(1), 57-70.

Benamouzig D., Besançon J., 2005, « Administrer un monde incertain : les nouvelles bureaucraties techniques. Le cas des agences sanitaires en France », *Sociologie du travail*, 47(3) : 301-322.

Callon M., Lascoumes P., Barthe Y., 2001, *Agir dans un monde incertain*, Le Seuil.

Comité de la prévention et de la précaution, 2010, *La décision publique face à l'incertitude. Clarifier les règles, améliorer les outils.*

Commission européenne, 2011, *Innovation Union Competitiveness Report*, D.G. Research.

Dab W. *et al.*, 2009, « Risques et bénéfices des nanotechnologies. Le besoin de nouvelles formes de débat social », *Annales des Mines, Responsabilité & Environnement*, n°55: 55-61.

Dab W., Salomon D., 2013, *Agir face aux risques sanitaires*, PUF.

Eliakim P., 2013, *Absurdité à la française. Enquête sur ces normes qui nous tyrannisent*, Robert Laffont.

Foucart S., 2012, *La Fabrique du mensonge*, Denoël.

Fressoz J-B., 2013, *L'Apocalypse joyeuse*, Seuil.

Guérémy S., Monerau M., *Les coûteuses contraintes de l'Administration*, à paraître, septembre 2014.

Hansen S. F., Tickner J. A., 2013, «The precautionary principle and false alarms – lessons learned», in: *Late lessons from early warnings: science, precaution, innovation*, chap. 2.

Hermitte M-A., 2013, *Le droit saisi au vif. Sciences, technologies, formes de vie, Entretiens avec F. Chateauraynaud*, p.223 et sv.

Horst M., Irwin A., 2010, «Nations at ease with radical knowledge. On consensus, consensuing and false consensusnes», *Social Studies of Science*, 40(1): 106-126.

Institut national des hautes études de la sécurité et de la justice, 2013, «Principe de précaution: volontarisme ou paralysie?», mars.

Jasanoff S., 1993, «Relating risk assessment and risk management», *EPA Journal*, 19, 35.

Jasanoff S., 2005, *Designs on Nature. Science and democracy in Europe and the United States*, Princeton University Press.

Joly P-B. *et al.*, 2011, «Biologie de synthèse. Conditions d'un dialogue avec la société», Rapport pour le ministère de l'Enseignement supérieur et de la Recherche.

Kelty C., 2009, «Beyond implications and applications: the story of 'safety by design'», *NanoEthics*, 3(2), 79-96.

Latour B., 2012, «Que la bataille se livre au moins à armes égales», in: *Controverses climatiques, sciences et politiques*, Presses de Sciences Po.

Laurent B., 2013, « Les espaces politiques des substances chimiques. Des nanomatériaux internationaux, européens et français », *Revue d'anthropologie des connaissances*, 7(1), 195-221.

Lezaun J., 2011, « Bees, beekeepers, and bureaucrats: parasitism and the politics of transgenic life », *Environment and Planning-Part D*, 29(4), 738.

Marris C., 2001a, « La perception des OGM par le public : remise en cause de quelques idées reçues », *Économie rurale*, 266(1), 58-79.

Marris C., 2001b, « Public views on GMOs: deconstructing the myths », *EMBO report*s, 2(7), 545-548.

Miller C., 2001, « Hybrid management: boundary organizations, science policy, and environmental governance in the climate regime », *Science, Technology & Human Values*, 26(4), 478-500.

Moatti A., 2013, *Alterscience. Postures, dogmes, idéologies*, Odile Jacob.

National Research Council, 1983, *Risk Assessement in the federal government: managing the process*, National Academy Press.

Oreskes N., Conway E. M., 2012, *Les marchands de doute*, Éd. le Pommier.

Proctor R. N., Schiebinger L. L., 2008, *Agnotology*, Stanford University Press.

Revel M. *et al.*, 2006, *Le débat public, un exemple de démocratie participative à la française*, La Découverte.

Roco M. C., Bainbridge W. S., 2005, « Societal implications of nanoscience and nanotechnology: Maximizing human benefit », *Journal of Nanoparticle Research*, 7(1), 1-13.

Weill C., 2003, « L'expertise dans les champs du principe de précaution », Note de l'IDDRI 02/2003.

Wickson F., Wynne B., 2012, « The anglerfish deception », *EMBO reports*, 13(2), 100-105.

Wiener J. B. *et al.*, 2011, *The reality of precaution: Comparing risk regulation in the United States and Europe*, RFF Press.

Wynne B., 1992, « Misunderstood misunderstanding: social identities and public uptake of science », *Public understanding of science*, 1(3), 281-304.

Wynne B., 2006, « Public engagement as a means of restoring public trust in science–hitting the notes, but missing the music? », Public Health Genomics, 9(3), 211-220.

# Annexes

## Annexe 1. Pour un principe constitutionnel d'innovation[63]

« La gauche ne croit plus au progrès », titrait récemment le magazine « Marianne ». « La droite non plus, et depuis plus longtemps encore », surenchérit Jean de Kervasdoué dans son ouvrage pamphlet « Ils ont perdu la raison » ; « Qu'il s'agisse d'énergie, d'agriculture ou de santé… Le pouvoir politique ne se sent plus légitime pour porter, seul, la voix de la raison, eût-il voulu le faire, ce qui reste à démontrer ». Et l'auteur de poursuivre, « La déraison l'emporte sous la pression de l'opinion et des évidences du moment. »

C'est un doute fondamental à l'égard du progrès et de son vecteur principal, depuis des siècles, la science, que traduisent ces diagnostics. Et nous pouvons en attester, le quotidien de notre pays fourmille d'exemples de projets repoussés, de programmes de recherche annulés, de grands travaux gelés, d'innovations rejetées. Les symptômes de ce doute paralysant sont visibles, depuis longtemps, et le désintérêt croissant à l'égard des disciplines scientifiques dans l'enseignement n'en est pas le moindre.

Vit-on, comme le pensent certains intellectuels, une capitulation de l'analyse scientifique, dont profiterait une forme de pensée magique, voire d'obscurantisme ? Plus prosaïquement, nous pensons que l'émotion, la prudence érigée au rang de vertu cardinale, les précautions excessives freinent le développement de notre pays. Elles sont sources de stagnation de notre économie, d'inaction et de renoncement politique.

À l'heure du nécessaire sursaut de l'économie française face au chômage et au défi de son endettement colossal, il nous faut donc déverrouiller la porte du progrès, redonner à la société française l'envie d'avancer et de reprendre le goût du risque. Les abcès de fixation de notre société sont dans toutes les têtes : OGM, gaz de schiste, centres de traitement des déchets nucléaires, tracés autoroutiers, constructions d'aéroports… Ils sont tous révélateurs d'un choix, celui du statu quo, de la conservation de l'état présent au nom d'un lendemain qui, de toute façon, « ne chantera pas ».

63 - Cette tribune a été publiée dans *Les Echos* le 2 juin 2014.

Alors, comment sortir de cette paralysie ? En favorisant l'innovation. Sans services nouveaux, sans produits innovants, sans innovations de rupture, sans procédés révolutionnaires, il n'y aura ni développement ni croissance ! Les champs du possible sont pourtant immenses dans notre pays : stockage de l'énergie, recyclage des métaux, valorisation des richesses marines, développement des protéines végétales et de la chimie verte, valorisation des données massives... Le concours pour l'innovation 2030, lancé, en 2013, par le gouvernement, a été conçu pour cela : encourager les talents d'aujourd'hui pour créer la richesse collective de demain.

Pour innover, il faut laisser sa place à la créativité, au désir de surprendre, au désir de faire, à l'élan vital. Or tout est contraint. Trop de tabous, trop d'interdits, trop de réglementation ont fait du principe de précaution un système de défense contre le risque. Sa constitutionnalisation a développé dans la société française un réflexe de recherche de la sécurité, tel qu'il en résulte une forme d'inhibition devant la nouveauté. Il nous faut donc consacrer l'idée que l'innovation est un passage obligé pour toute économie. Sans pour autant radier le principe de précaution de notre Constitution, il nous semble urgent de le contrebalancer par un principe constitutionnel d'innovation, garantissant la liberté de ceux qui veulent chercher, modifier, améliorer, remplacer.

Ce principe d'innovation, applicable aux entreprises comme aux chercheurs, donnera libre cours à l'élan vital qui sous-tend toute activité humaine… C'est ce climat que nous devons restaurer dans notre pays. Ce signal ne peut être que politique au sens noble du terme, celui qui consacre l'avenir de la Cité.

Xavier Beulin
Président de Sofiprotéol
Président de la FNSEA

Louis Gallois
Président du conseil
de surveillance de PSA

# Annexe 2. Quelques cas sur la gestion publique des risques en France[64]

## A. Les OGM : un cas d'échec pour la gestion des controverses

La gestion des controverses liées aux biotechnologies, et en particulier aux OGM, est aujourd'hui considérée comme un exemple d'échec par de nombreux commentateurs.

Du point de vue des instances réglementaires, notamment européennes, les controverses publiques liées aux OGM ont rendu complexe la gestion publique de ces objets. Dans un récent rapport consacré à la politique d'innovation de l'Union européenne, les services de la DG Recherche de la Commission européenne considéraient ainsi les OGM comme un cas d'échec de l'intégration européenne[65]. La variété des positions adoptées dans les différents États membres, par les populations aussi bien que par les gouvernements, au sujet de l'acceptation ou du rejet de certains OGM rend illusoire la construction d'un marché européen unifié des OGM. Ainsi, après avoir insisté sur la nécessité de disposer d'une expertise centralisée au niveau européen pour évaluer les risques de chaque OGM susceptible d'être introduit sur le marché européen, les institutions européennes ont du autoriser l'usage d'une clause de sauvegarde permettant aux États membres d'aller à l'encontre de l'avis de l'Autorité européenne de sécurité des aliments (EFSA) pour interdire un OGM quand bien même celui-ci aurait été jugé sans risque par l'EFSA. Un objectif général de « coexistence », entre OGM et non OGM, entre approches nationales différentes, peut alors être identifié. Il n'est pas sans poser de nombreux problèmes pratiques, liés au confinement des cultures OGM mais aussi à la possibilité des échanges marchands dans une situation non harmonisée[66].

Les controverses sur les OGM et les mécanismes mis en place pour les gérer ont été analysées par des sociologues, qui ont eux-mêmes dressé un constat d'échec. L'échec, pour eux, est repérable à plusieurs niveaux :

- Les oppositions entre les défenseurs et les adversaires des OGM n'ont pas été bien comprises. Plutôt qu'une attaque sur des risques mal gérés, ou encore une demande irrationnelle de « risque zéro », ce sont plutôt des considérations relatives à la définition des priorités de l'industrie agro-alimentaire ou à la confiance susceptible d'être accordée aux institutions publiques qui alimentent les perceptions négatives des OGM[67].

---

64 - Les trois fiches de cette annexe ont été rédigées par Brice Laurent, rapporteur du groupe de travail.

65 - Commission européenne, 2011.

66 - Lezaun J., 2011.

67 - Marris C., 2001b.

- Les mécanismes de dialogue mis en place à la suite des oppositions sont jugés très sévèrement. Fondés sur une mauvaise compréhension des oppositions, ils tendent à prendre pour objet les risques sanitaires et leur mesure, en oubliant les problèmes généraux d'organisation politique et économique[68].

- Enfin, la mécanique européenne et la clause de sauvegarde conduisent à considérer que la seule expertise valable est détenue par l'EFSA, et que les États membres allant à son encontre s'engagent dans des initiatives non fondées scientifiquement. Or on peut considérer que l'expertise technique, en situation d'incertitude, n'est pas unique : la coexistence pourrait concerner également des pratiques de production de l'expertise[69].

## B. Les nanotechnologies : anticiper les controverses ?

Lorsque les nanotechnologies sont élaborées comme programme de politique scientifique au début des années 2000, le cas des OGM devient rapidement un contre-exemple. Pour les acteurs américains et européens de la politique scientifique, les OGM montrent que le rejet de la technologie peut empêcher le développement de marchés harmonisés[70]. Lorsque les nanotechnologies deviennent une priorité des politiques de recherche aux États-Unis et en Europe, les problèmes publics potentiels sont immédiatement anticipés. L'objectif est alors d'intervenir en amont des controverses. Cela se traduit par l'affirmation, au plus haut niveau, de l'importance des recherches sur les « implications éthiques, sociales et légales » des nanotechnologies, mais aussi par la volonté de mettre en place des mécanismes de dialogue entre promoteurs des nanotechnologies et publics non experts. Le *Nanotechnology Act* américain de 2001 explicite ces objectifs, de même que le *Nanotechnology Action Plan* européen de 2005. En pratique, ils se traduisent par des projets de recherche s'interrogeant sur les « implications » des nanotechnologies, et par l'engagement de plusieurs institutions administratives ou scientifiques dans des dispositifs participatifs. En Europe, plus généralement, la volonté d'anticiper les controverses grâce au dialogue devient une composante importante de la politique européenne de la recherche. C'est ainsi que les organismes de la politique de la science pourraient « tirer les leçons des OGM ».

Cet objectif se heurte néanmoins à des problèmes pratiques. Comment identifier par avance les « implications » de technologies non encore développées ? Comment repérer les publics des nanotechnologies susceptibles de prendre part aux dialogues ? Alors que les nanotechnologies acquièrent une existence principalement du fait des programmes de la politique

---

68 - Wynne B., 2006.

69 - Wickson F., Wynne B., 2012.

70 - Roco M. C., Bainbridge W. S., 2005.

scientifique, les « publics » des nanotechnologies se révèlent bien difficile à identifier. Lors du débat public national français organisé en 2009-2010, quelques organisations de la société civile s'impliquent dans les discussions sur les nanotechnologies, et certaines comme France Nature Environnement ont une influence significative sur les choix réglementaires[71]. Mais les publics les plus présents se sont révélés être des opposants refusant le principe même des projets technologiques associant avancées scientifiques et développement des marchés, et donc les initiatives participatives visant à les rendre plus efficaces.

Au final, l'ambition initiale d'anticiper les controverses sur les nanotechnologies évolue vers une redéfinition des problèmes à traiter par les institutions publiques, qui se concentrent sur les questions de risques sanitaires des substances « nano ». Alors que l'accent mis sur les « nanotechnologies » comme programme général de développement est beaucoup moins présent dans les formulations récentes de la politique scientifique[72], de nombreuses discussions se penchent sur les modalités de la régulation des nanomatériaux. Ces discussions requièrent un examen approfondi des caractéristiques techniques des objets, des instruments de mesure à mobiliser, et, au final, des outils métrologiques permettant d'identifier une nouvelle classe de substances[73]. Cet examen est long et se déroule dans des enceintes techniques ou administratives qui exigent des ressources importantes, et ne peuvent donc prétendre jouer le rôle d'instances de dialogue avec un large public.

## C. Les déchets nucléaires : la réversibilité comme mode d'action publique ?

Les choix de traitement des déchets nucléaires ont été controversés dès les années 1980. Les options d'enfouissement en couches géologiques profondes s'imposent initialement comme les meilleures : il s'agit d'enfouir les déchets de façon irréversible, ce qui requiert un examen approfondi de la stabilité géologique des zones choisies, et une réflexion sur les risques à très longues échéances. Le sociologue et politiste Yannick Barthe, en retraçant l'histoire des discussions sur les options techniques, a montré que la fermeture des options alternatives à l'enfouissement en couches profondes a déclenché les oppositions les plus virulentes (et parfois violentes), et a nécessité une réouverture du dossier[74]. Face à l'option d'enfouissement irréversible émerge celle de l'enfouissement réversible. Le lien entre la réversibilité et le principe de précaution est tracé par la Commission nationale d'évaluation en 2005. À la même période, un débat public organisé par la Commission nationale du débat public met cette notion au centre des discussions. Le rapport du débat

71 - Comme la déclaration obligatoire des « substances à l'état nanoparticulaire », spécificité française depuis 2012.

72 - Par exemple dans le programme *Horizon 2020* qui définit les priorités de la recherche scientifique européenne.

73 - Laurent B., 2013.

74 - Barthe Y., 2006.

public publié en 2006 donne lieu à une réponse du gouvernement appelant à « partager les possibilités offertes par la réversibilité et à rendre ce concept plus concret et accessible aux yeux du public ». La loi n°2006-739 du 28 juin 2006 de programme relative à la gestion durable des matières et déchets radioactifs décrit les étapes à franchir pour assurer la gestion des déchets radioactifs ultimes et prévoit que le gouvernement doit « fixer les conditions de la réversibilité ».

Pour les sociologues spécialistes du dossier, la réversibilité est une opération dont les effets sont à la fois techniques et politiques, et permet de repenser les termes de l'action publique sur les sujets controversés[75]. En effet, un projet d'enfouissement réversible est fondé sur l'organisation de rendez-vous réguliers (tous les cinquante ans par exemple) au cours desquels les discussions rouvrent les options possibles. La réversibilité exige que l'enfouissement donne la possibilité de rouvrir (matériellement) l'accès aux déchets, mais aussi le panel des choix possibles. Elle suppose donc que les recherches sur les alternatives à l'enfouissement en couches profondes soient poursuivies. Mais la réversibilité est également pensée comme un outil d'exploration des attentes sociales des populations concernées, interrogées à intervalles réguliers sur les options à envisager. La réversibilité caractérise donc une « qualité politique » des projets techniques[76].

Le projet de Centre industriel de stockage géologique (Cigéo) mené par l'Agence nationale pour la gestion des déchets radioactifs (ANDRA) est voué à réaliser l'entreposage des déchets radioactifs à vie longue. Soumis à une procédure de débat public en 2013, il a fait l'objet de nombreuses critiques de la part des populations locales, alors même que le principe de la réversibilité avait été mis en avant dans les caractéristiques du projet. Au final, la réversibilité comme principe d'action publique n'a pas suffi à atteindre le consensus sur le stockage des déchets. Au cours du débat public, les oppositions ont été traitées en construisant des publics *via* des dispositifs mieux contrôlés que la réunion publique ouverte. Une conférence de citoyens a ainsi été organisée, à la suite de laquelle le panel de citoyens s'est déclaré « non hostile » au projet, mais a demandé un rééchelonnement du calendrier de telle sorte que des tests supplémentaires soient réalisés, que l'exploration de voies techniques alternatives soit poursuivie et qu'un prototype soit testé.

---

75 - Barthe Y., Callon M., Lascoumes P., 2010.

76 - Barthe Y., 2009.

# Annexe 3. Liste des membres du groupe de travail et des personnalités extérieures auditionnées

## A. Composition du groupe

- Thibaut Bidet-Mayer (rapporteur adjoint), La Fabrique de l'industrie
- Bernard Chevassus-au-Louis, Académie des technologies
- Alain Coine, Universcience
- Geneviève Ferone-Creuzet, Casabee
- Pierre-Henri Gourgeon, ex-Directeur général du groupe Air France-KLM
- Alain Grangé-Cabane (président), FEBEA
- Claudie Haigneré, Universcience
- Marie-Angèle Hermitte, CNRS
- Pierre-Benoît Joly, INRA
- Jean de Kervasdoué, CNAM
- Jacques Kheliff, Solvay
- Brice Laurent (rapporteur), Centre de sociologie de l'innovation – Mines ParisTech
- Hélène Roques, Doing good Doing well
- Fabienne Saadane-Oaks, DuPont
- Thierry Weil, La Fabrique de l'industrie
- Claire Weill, INRA

## B. Personnalités extérieures auditionnées

- Marie-José Forissier, Présidente de Sociovision
- Guy Sorman, Economiste et essayiste
- Michel Serres, Professeur à l'université Stanford
- Jean-Pierre Clamadieu, Président du comité exécutif de Solvay
- William Dab, Professeur titulaire de la chaire « Hygiène et sécurité » du CNAM
- Jean-Christophe Ménioux, Directeur des risques du groupe Axa
- Marc Mortureux, Directeur de l'ANSES
- Maryse Arditi, Pilote du groupe Risques industriels de France Nature Environnement